異形のヒグマ

OSO18を
創り出したもの

山森英輔　有元優喜
（NHKスペシャル取材班）

講談社

異形のヒグマ

OSO18を創り出したもの

本書は下記番組の取材から生まれました。

・クローズアップ現代「謎のヒグマ「ＯＳＯ18」を追え！」（二〇二二年九月二一日放送）

・ＮＨＫスペシャル〝ＯＳＯ18〜ある〝怪物ヒグマ〟の記録〜」（二〇二三年一一月二六日放送）

　第二八回アジア・テレビジョン・アワード　自然番組部門ノミネート

・北海道道「ＯＳＯ18を追う男たち」（二〇二三年五月二六日放送）

・ＮＨＫスペシャル「ＯＳＯ18　〝怪物ヒグマ〟最期の謎」（二〇二三年一〇月一五日放送）

　ギャラクシー賞二〇二三年一〇月度　月間賞受賞

　「地方の時代」映像祭　二〇二四年放送局部門　優秀賞受賞

本書はＮＨＫスペシャル取材班としてＯＳＯ18を追い続けた山森英輔と有元優喜の共著です。それぞれの執筆箇所の冒頭に執筆者名を記してあります（文中敬称略）。

目次

発覚日	被害頭数	場所	DNA鑑定
2019年7月16日	1頭（死亡1）	標茶町 下オソツベツ 髙橋牧場	体毛（OSO18）
8月5日	8頭（死亡4 負傷2 不明2）	標茶町 新久著呂牧野	
8月6日	4頭（死亡3 負傷1）	標茶町 上茶安別牧野	
8月11日	5頭（負傷5）	標茶町 上茶安別 清水牧場	
8月15日	1頭（死亡1）	標茶町 上茶安別牧野	
8月19日	5頭（負傷5）	標茶町 中茶安別 東国牧野	
8月22日	1頭（死亡1）	標茶町 上茶安別 共同牧野	
8月26日	1頭（死亡1）	標茶町 北片無去牧野	
9月2日	1頭（負傷1）	標茶町 上茶安別 清水牧場	体毛（OSO18）
9月18日	1頭（死亡1）	標茶町 中茶安別 共和牧野	
2020年7月7日	1頭（死亡1）	標茶町 北片無去牧野	体毛（OSO18）
8月14日	1頭（死亡1）	標茶町 中オソツベツ 中山牧場	体毛（OSO18）
9月3日	1頭（死亡1）	標茶町 アレキナイファーム	体毛（OSO18）
9月11日	1頭（死亡1）	標茶町 中茶安別 中央牧野	体毛（OSO18）
9月27日	1頭（死亡1）	標茶町 北片無去牧野	体毛（OSO18）
2021年6月24日	3頭（死亡1 負傷2）	標茶町 東阿歴内牧野	
7月1日	6頭（負傷6）	標茶町 中茶安別 共和牧野	
7月11日	1頭（負傷1）	標茶町 茶安別 真野牧場	

7月16日	3頭（死亡3）	厚岸町　セタニウシ町営牧場	
7月22日	1頭（死亡1）	厚岸町　片無去　小野寺牧場	体毛（OSO18）
7月30日	2頭（負傷2）	標茶町　多和　松浦牧場	
8月5日	1頭（死亡1）	標茶町　中オソツベツ　伊東牧場	
8月12日	4頭（死亡2　負傷2）	厚岸町　セタニウシ　農協牧場	
8月15日	1頭（死亡1）	厚岸町　大別　町営牧場	体毛（OSO18）
9月10日	2頭（負傷2）	標茶町　中茶安別　共和牧野	
2022年7月1日	3頭（死亡2　負傷1）	標茶町　東阿歴内牧野	体毛（OSO18）
7月11日	1頭（死亡1）	標茶町　雷別　類瀬牧場	
7月18日	1頭（死亡1）	標茶町　上茶安別　佐々木牧場	
7月27日	1頭（死亡1）	標茶町　阿歴内　山之内牧場	体毛（OSO18）
8月18日	1頭（負傷1）	標茶町　茶安別　真野牧場	
8月20日	1頭（負傷1）	厚岸町　上尾幌　久松牧場	体毛（OSO18）
2023年6月24日	1頭（死亡1）	標茶町　上茶安別牧野	体毛（OSO18）

合計66頭（死亡32・負傷32・不明2）

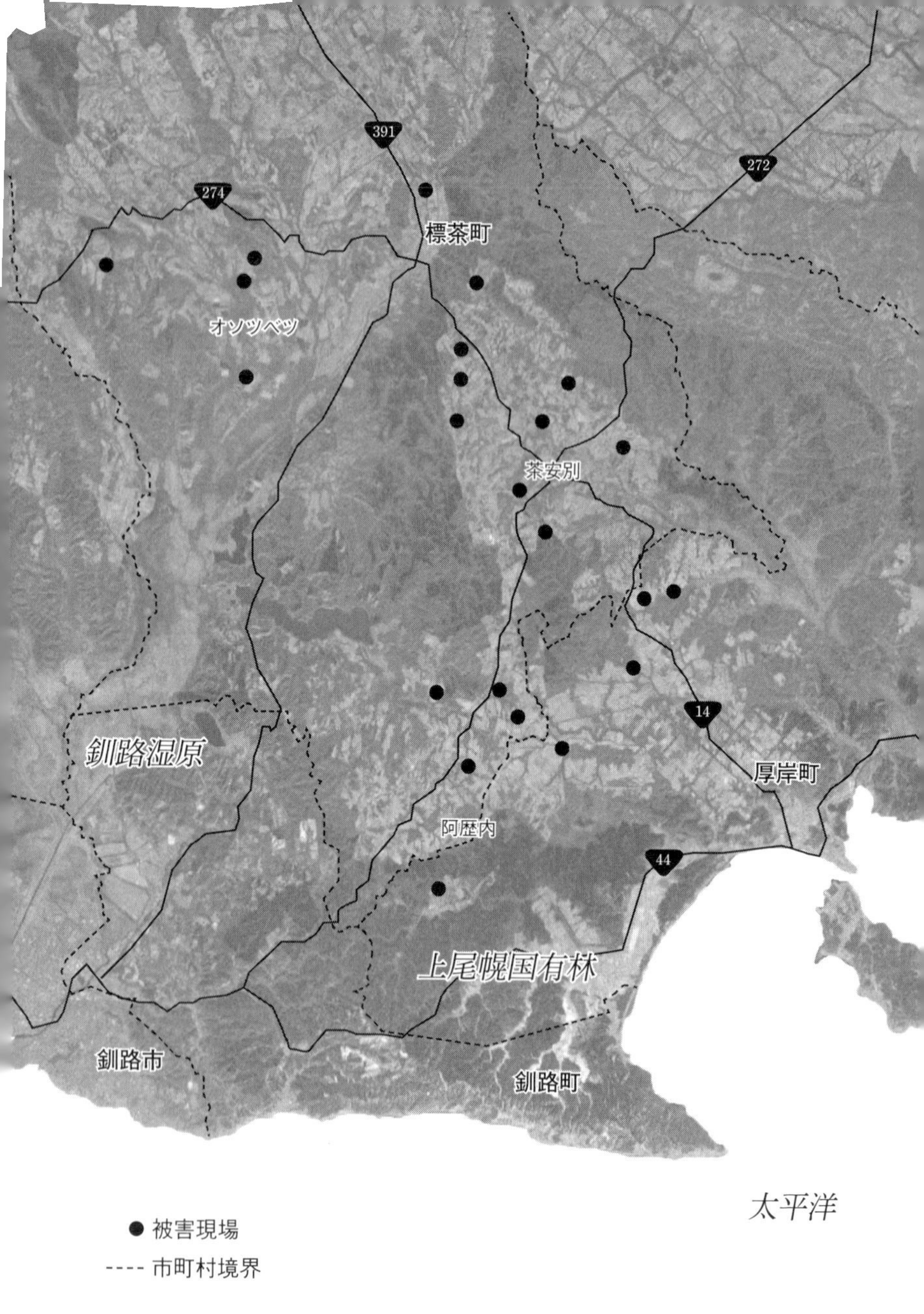
391
272
274
標茶町
オソツベツ
茶安別
14
厚岸町
釧路湿原
阿歴内
44
上尾幌国有林
釧路市
釧路町
太平洋
● 被害現場
---- 市町村境界

被害地図

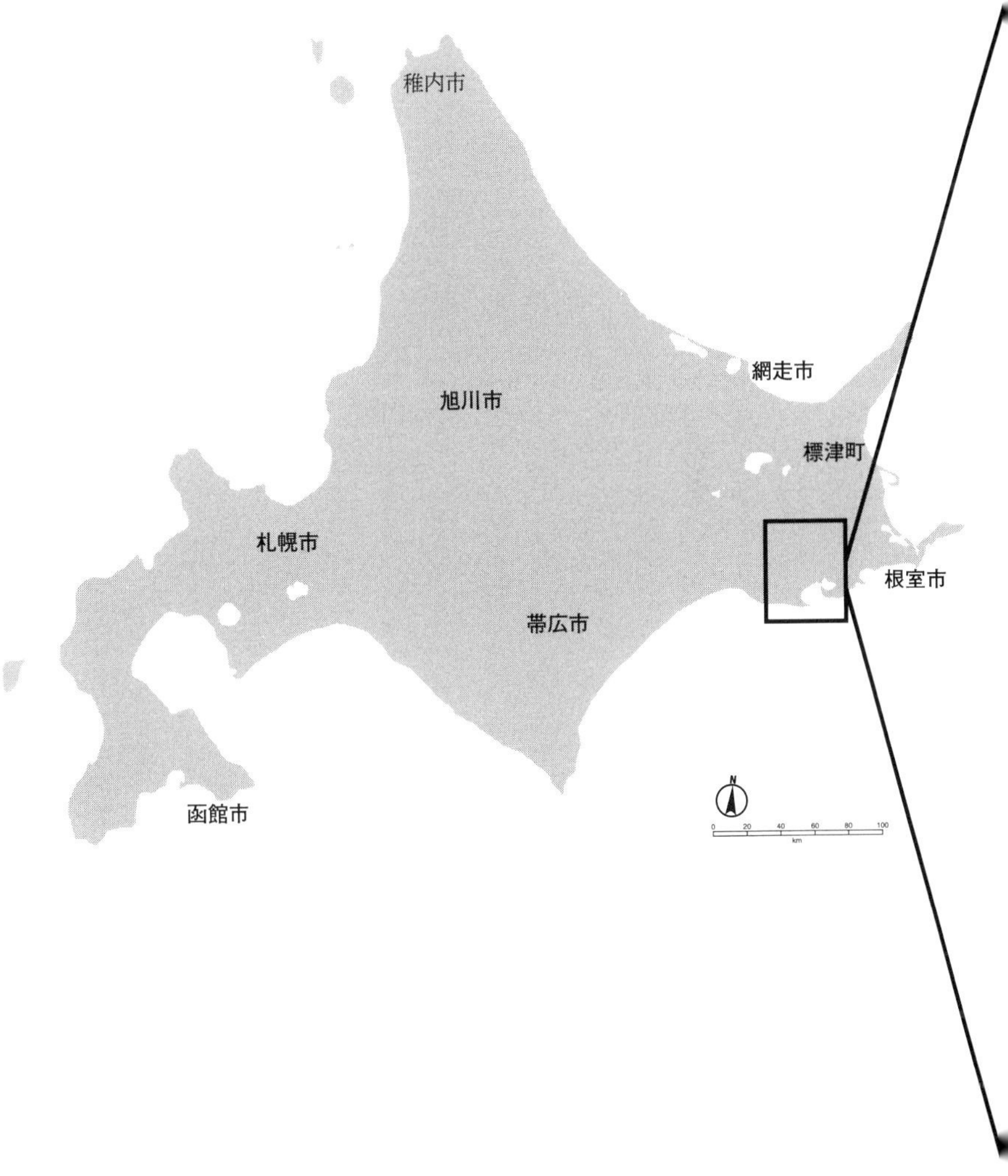

OSO18が出没した道東地域

2019年8月13日に撮影されたヒグマ

序章　たった一枚の写真［有元］

二〇一九年八月一三日、一頭のヒグマが撮影された。

北海道庁の推計に従えば、道内には二〇二二年末時点で一万二二七五頭の野生のヒグマが生息しているとされる。このヒグマも、そのうちの一頭として、名前を持たないまま森の奥で生き、一生を終えるはずだった。

にもかかわらず、日本全国のテレビや新聞、週刊誌で繰り返し取り上げられ、インターネット上で無数の人々の関心の対象となったのは、その奇怪な行動とミステリアスな正体によるものだった。

二〇一九年七月、そのヒグマは北海道東部の標茶町《しべちゃちょう》に突如出現し、放牧中の牛を殺傷し始める。以来、町内と隣接する厚岸町《あっけしちょう》の牧場で次々と牛を襲撃して回るようになった。その数は、二〇二三年までの四年間で合計六六頭に及び、北海道庁が捕獲対応推進本部を立ち上げるという異例の事態に発展した。たった一頭のヒグマが数十頭もの牛を連続して襲う例は、ヒグマによる被害の記録を辿っても一度もなかった。

しかし、この一連の出来事には、牛を襲い続けているというだけでなく、奇妙な点がいくつもあった。

まず、その姿を目撃した者がまったくと言っていいほど存在しなかった。事件はいつも、酪農家が牛の頭数を数える朝の時間に発覚する。牧場主が行方不明の牛を探し回ると、数時間後に、血だらけになって倒れている姿が発見された。襲撃は人目を忍んで夜間に行われているとされ、確かな目撃情報はひとつもない。被害は半径一五㎞の範囲内で頻発し、いつどこで次の襲撃が行われるか、さっぱり予測ができなかった。

居場所を特定するため、町役場は町内三〇ヵ所以上にトレイルカメラを設置した。センサーで感知し、自動的に撮影されるカメラだ。しかし写されたのは、最初の被害現場で捉えられた一枚のみ。それも夜間に赤外線モードで撮影されていたためモノクロになっており、詳細な身体的特徴や体毛の色ははっきりと認識できない。わかるのは大型のヒグマとみられるということ、ただそれだけだった。

ほどなくして地元猟友会のハンターたちも動員され、被害現場周辺の捜索が行われたが、一度も姿を現すことはなかった。被害直後、銃を持って夜通し牧場で待ち伏せするのも難しかった。夜間の銃の発砲は、見通しが悪く危険性が高いため、鳥獣保護法で厳しく禁じられている。夜の間に限って行動するさまに「鳥獣保護法の中身をわかっているんじゃないか」と口にするハンターさえいた。

銃での駆除が難しければ罠を利用するしかない。ハンターたちは、被害が起きた現場に箱《はこ》罠《わな》を次々と設置した。箱罠は檻の形をしており、エゾシカの肉などの餌を入れ、ヒグマがその餌を取ろうと中に入ると、踏み板を踏んで、上から扉が落ちる仕組みになっている。そしてある日、現場に設置した箱罠の扉が落ちているのが見つかる。餌として入れたエゾシカも消えていた。しかし、中には何もかかっていなかった。

ハンターたちは推測した。あいつは、中に入ると捕獲されることがわかっている。だから足を伸ばして、後ろ足を箱罠の外に出したまま餌に近づいて、扉が完全に閉まらないようにして、餌を持っていった。かなり用心深いヒグマだ、と。被害が起こるたびに箱罠が設置されたが、それ以後、罠に近づく気配は少しもなかった。

不可解なのはそれだけではなかった。襲われた牛に、捕食された形跡がほとんどなかったのだ。本来、ヒグマは獲物に対して強い執着心を持ち、食べ残しは土の中に埋めて、掘り返して食いあさるとされている。しかし、このヒグマは、襲った牛を食べないどころか、背中や腹をただ傷つけるだけのケースが半数を占めていた。ある牧場では、一晩で一気に六頭が襲われたが、そのすべてがただ傷つけられただけで、殺されてすらいなかった。襲った牛に執着することはなく、被害現場に戻ってくることもない。

ハンティングを楽しんでいる。被害を受けた酪農家の中には、そう口にする者もいた。牛に近づいて一頭襲ってはまた別の牛へ、次から次へと遊んで歩いたようにしか思えない、というのである。もはや無差別殺人と同じだ、と。


果たしてそのヒグマは、どこにいるのか。

どうして、食べもしないのに襲うのか。

そしてなぜ、そのような個体が生まれたのか。


二〇二一年一一月から二〇二三年九月にかけて、NHK札幌放送局で働く私たちは、このヒグマの正体に迫るドキュメンタリー番組を制作するため、幾度も道東へ足を運んだ。同じ北海道内ではあるが、札幌からは三〇〇㎞も離れており、車だと片道五時間はかかる。道東の中心部・釧路までは、空路で札幌から毎日六便の直行便が往来しているほどだ。行って帰るだけで一苦労の場所まで、二年間で四六往復し、合計二四六日間滞在することになった。

答えを求めて、関係者や専門家を訪ね歩いたが、さっぱりわからないと誰もが言った。

居場所も、動機も、その姿も、何ひとつわからなかった。

手がかりは、たった一枚の写真だけだった。

何より、このヒグマに与えられた無機質な文字列の名前と音の響きは、不確かで不気味なものに対して抱く、人間の恐怖心と好奇心を象徴しているように思えた。

――OSO18（オソ・ジュウハチ）

正体不明の怪物は、人々にそう呼ばれた。

第一章 正体不明の怪物

最初にOSOに襲われた牛
標茶町髙橋牧場にて

二〇一九年七月一六日［山森］

その日、髙橋雄大はいつものように一七二頭の乳牛の世話をしていた。

北海道川上郡標茶町下オソツベツの雄大が、高校を出て、本格的に家業の酪農を始めてから一四年が経っていた。酪農業では、六〇歳になって経営を引き継げば農業者年金が支給される。父の政寿は還暦を目前にし、現場はほぼ雄大に任され、雄大の意見で経営方針が決まることも増えていた。

祖父の代に岩手から北海道へ渡り、一頭から始めた髙橋家の酪農は、飛躍を遂げようとしていた。二〇一〇年代、乳価は安定し、子牛も高く売れるようになったことで酪農は好景気に沸き、雄大は大規模な牛舎を新設して、ロボット搾乳を導入することを決めていた。人の手がいらないロボット搾乳によって、朝と夕方の乳搾《しぼ》りから解放されることは、三六五日片時も休むことができず、家族旅行にも行けない酪農業のつらさからの解放だった。子どもに継がせたいと思えないような、きつい仕事から自由になる。それは、開拓地で一日も休まず働いてきた父や祖父を、幼い頃から見てきた雄大と一族にとって悲願だった。

建設計画をすすめていた二〇一九年七月一六日、午後三時。牛舎に戻ってきた乳牛の頭数を確認すると、一頭足りなかった。ちょうど身ごもっていて、初産が近づいた牛だった。牛にも一頭一頭性格があって、集団から離れていることが多い個体だったため、どこかで彷徨っているのかもしれなかった。だが、それでも、いつもなら餌を求めて、朝夕には必ず牛舎に戻ってくる。雄大は、起伏のある放牧地を探し始めた。

実は、その日の朝、小さな異変があった。早朝五時、餌の準備をしていたところ、牛たちが放牧地の道路寄りのエリアに固まっていることに雄大は気付いた。いつもはそんなことはないため、不審に思ったが、ささいな違和感はそのままになっていた。

やっぱり、何かあったのかもしれない。雄大は広大な放牧地をくまなく探したが見つからず、森に入った。牛が行方不明の場合、森を流れる沢に落ちて上がれなくなっていることは珍しくない。沢で水を飲もうとして、足を挫いたのかもしれない。そう考えて、小さな流れのほうへ斜面をおりていったときだった。足を滑らせた雄大は、転げ落ちながら大きな声をあげた。その瞬間、斜面の下にある茂みから、黒い巨大な物体が姿を現し、森の奥へと走り去るのが見えた。滑り落ちた雄大は、そこでようやく探していたものを見つける。地面に倒れた牛は乳房を食べられ、腹を裂かれ、首を折られていた。

ヒグマだ。逃げていったその姿は、殺された体重四〇〇kgの牛よりも大きく見えた。束の間、呆気にとられたのち、慌てて雄大は放牧地へと逃げ戻り、標茶町役場へ連絡して、ヒグマに牛がやられたと伝えた。

知らせを受けた標茶町役場の農林課林政係は、北海道猟友会標茶支部長の後藤勲に連絡し、ともに雄大の牧場に駆けつけた。付近にヒグマがいる可能性があるため、銃を撃てる後藤がいないと、二次被害を生む。北海道開発局に定年まで勤めたあと、町議会議員を務めてきた後藤は、いつ被害の連絡を受けても現場に赴く労を厭わなかった。町にいる数少ない若手ハンターは、日中は仕事があって出動できない。後藤は、獣害対策を、自分にとって残された役割のひとつだと捉えていた。

現場の森に分け入った後藤は、改めてヒグマの仕業だと断定した。何より、牛の死骸の近くにヒグマの足跡がはっきり残っていた。計測したところ、その幅は一八cm。これほど巨大な足跡を持つのは、大型のオスのヒグマに違いないと、後藤たちは確信した。さらに詳しく調べると、死骸のそばには、ヒグマが掘ったとみられる穴が残されていた。ヒグマは、獲物を一度で食べきれないときに、土に埋めて隠す習性がある。その跡のことを「土《ど》まんじゅう」といい、襲った獲物に強く執着するヒグマの特徴だとされる。穴を掘って、「土まんじゅう」をつくろうとしていたそのヒグマは、現場に戻ってくる可能性が高いと考えられた。

放牧はすぐに一切中止になった。そして後藤たちは、罠を仕掛けることにした。「箱罠」と呼ばれるもので、檻のなかにエゾシカの肉などの餌を置いておびきよせ、ヒグマが中に入ると、入り口の扉が落ちる仕組みだ。死体のあった森には平坦な場所がなかったため、牛がいなくなった放牧地に箱罠を設置し、近くの木に、物体の動きにセンサーが反応して自動撮影を行うトレイルカメラを取り付けた。

ただ後藤は、これは、出会い頭にヒグマが牛と会ってしまったがゆえの偶然の事故で、被害が続く可能性はないと考えていた。ヒグマが牛を襲う話は、この土地で五六年のハンター歴を誇る後藤もきいたことがなかった。

現場検証

大学の獣医学科を出た同級生の多くが、獣医として動物病院や自治体に勤める道を選ぶなか、近藤麻実《まみ》はまったく違うキャリアを選んだ。幼稚園の頃に、アフリカの草原や南米のジャングルで生きる野生動物をテレビや図鑑で見て夢中になった近藤は、岐阜大学農学部獣医学科に入ったが、授業はペットや家畜に関するものばかり。獣医の仕事は、野生動物の生態を調べることではなく、「動物を通じて、人間の生活に寄与すること」だった。

進路を間違えたと思った近藤は、学生サークル「ツキノワグマ研究会」に入る。そこで、クマに魅せられたことが彼女の人生を決定づけた。そのサークル活動で、近藤は、クマの生態調査にのめりこむとともに、深刻な林業被害の実態を知る。商品となる杉の幹の皮をクマが剝ぐ「クマハギ」に悩む地元の住民たちは、「クマなんて皆殺しでいい」と言ってはばからなかった。

　人間と野生動物の共存は、簡単ではない。地球は人間だけのものではないが、地域の暮らしを知れば、被害を減らさなければならないと切に思う。近藤には、クマが大事だから、我慢してほしいとは、言えなかった。「人間の生活と安全が守られない限り、野生動物も守れない」と考えるようになった近藤は、その「折り合い」を担う仕事を志す。大学院で北海道に渡ったのち、職を得たのは、北海道立総合研究機構（道総研）のエネルギー・環境・地質研究所。北海道庁の付属機関として、全道で捕獲されるヒグマの牙や骨を集めて調査を行うほか、人身事故があれば現場に赴き、実地検証にあたる。ツキノワグマよりはるかに巨大なヒグマは、ひとたび人間を襲えば、一撃で頸椎や頭蓋骨をへし折り、即死に至らしめる。その被害を間近で見ながら、近藤はフィールドワークを続けた。

　近藤が最初に標茶にやってきたのは、二〇一九年八月八日。オソツベツで髙橋雄大の牛が殺されてから、二三日が経っていた。当初、後藤たちが一度きりの偶然の事故と考えていた被害は続発し、八月五日に新久著呂牧野《しんくちょろぼくや》で八頭、八月六日に上茶安別牧野《かみちゃんべつぼくや》で四頭が襲われ、うち七頭が殺されていた。新久著呂牧野は広大な標茶町の西の端に位置し、上茶安別牧野とは釧路川を挟んで二〇km以上離れている。連日の被害は一頭による仕業なのか、それとも複数頭なのか。次はいつどこに出るのか。現地は混乱のさなかにあった。

だが、近藤の関心は現場にしかなかった。確かなのは、噂や憶測ではなく、物的証拠だ。被害現場に入った彼女は、鑑識官のように、地面に這いつくばって物証を捜索していった。

一番の目的はヒグマの茶色い体毛だった。体毛や糞を分析すると、DNAがわかる。新久著呂牧野と上茶安別牧野の被害は目撃情報がないだけに、DNAだけが牛を襲撃したヒグマを特定するための頼みだった。

まる一日をかけた捜索には成果があった。襲撃から時間は経過していたが、雄大の牧場では、牛の死骸の横にあった穴の付近で二本、罠で二本を発見。新久著呂牧野でも牛の死骸があった場所に一本が残っていた。上茶安別牧野では、有刺鉄線にひっかかっていた体毛三本に加えて、ヒグマの糞も採取した。

ところが、結果は思わしくなかった。札幌に持ち帰って分析したところ、採取した試料のうち、DNAのデータが取れたのは、髙橋牧場の牛の死骸のそばでとれた体毛一本のみ。わかったのはその個体がオスであることだけだった。ほかの体毛は毛根がなかったり、劣化が進んでいたりして、試料として十分ではなかった。

結局この二〇一九年、標茶では一〇ヵ所で二八頭の牛が襲われる。近藤はすべての現場の試料を分析したが、DNAデータが得られたのは、一件目の髙橋牧場と、九件目の清水牧場で採取された体毛だけだった。ただ、二つが一致したことから、少なくともオスの同一個体が牛を襲っていることは確かめられた。

調査をすすめるなかで、近藤は二つの強い予感を抱くようになった。

ひとつは、八月八日に、後藤たちがオソツベツの高橋牧場に仕掛けた箱罠を見たときのことだ。近藤が見たとき、奥行き三ｍの檻に仕掛けた餌のエゾシカは食べられているのに、入り口の扉は落ちていた。瞬間、近藤の脳裏をかすめたのは「あ、やっちゃったな」という思いだった。扉が落ちたことは、罠が正常に作動したことを意味する。しかし、ヒグマはかかっていない。だとすれば、ヒグマが罠のなかに全身を入れる前に扉が落ちた可能性が高い。

近藤には、その原因が、ヒグマをおびきよせるためのエゾシカにあると見て取れた。通常は、バラして、足など一部だけを餌にするが、その罠にはエゾシカ一頭丸ごとが入れられていた。

明らかに、大きすぎていた。ヒグマは、オスの成獣ならば立ち上がると二ｍを超えるため、身体の一部を外に出しながらでも、前足を伸ばせば餌に届いたはずだった。近藤にとってさらに重要だったのは、落ちた扉に体毛が付着していたことだった。おそらく、このヒグマは扉を腰か後ろ足に受けている。だとすれば、その痛みから罠を学習した可能性が高く、もう今後、同じように罠を仕掛けてもかからないだろう。それは諦念にも似た予感だった。

もうひとつは、最初の被害は新久著呂牧野で起きていたのではないか、というものだった。新久著呂牧野に残された体毛の数はほかの現場より少なく、劣化が一段と進んでいた。牛が放牧される夏の間、新久著呂牧野は管理が手薄で、八月五日も、久しぶりに飼い主が見回りに行って、被害が判明したのだった。すでに牛の死体は相当腐敗が進んでいたという証言を聞き、近藤は新久著呂牧野の襲撃はかなり前の可能性が高いと踏んだ。それなら、翌八月六日に二〇km以上離れた上茶安別牧野で被害が起きたことにも説明がつく。

現場での観察と捜索、ＤＮＡデータの結果、二つの予感を重ね合わせると、近藤に、ある姿が浮かび上がってきた。

新久著呂牧野で牛を襲い始めて肉の味を知り、髙橋雄大の牧場で罠を学習した一頭のオスの成獣のヒグマ――。

罠で捕らえられないなら銃で仕留めるしかないが、オスの成獣を銃で捕獲するのが困難なことは、容易に推察された。

もっとも、その近藤にしても、不可解なことがあった。襲われた牛のすべてが食べられていたのではなかったことだ。それどころか、この年に襲われた二八頭の牛のうち、半分の一四頭は傷つけられただけだった。なぜ、襲ったのに食べないのか。牛を襲う理由は、何なのか。

だが、研究者である近藤は、確証のない予感や疑問を公にすることはなく、翌二〇二〇年春、秋田県庁にツキノワグマ対策の職員として採用され、北海道を離れることになる。一頭のオスのヒグマの捕獲がきわめて困難になるという彼女の直感は的中したが、四年間にわたって六六頭もの牛を襲い続けることになるとは、さすがに想像していなかった。

命名

井戸井《いどい》毅《たけし》は、十勝の鹿追町《しかおいちょう》に生まれた。大学を出た一九九一年は、まだバブルの余韻があったが、東京に出ることは考えず、道庁に奉職。入庁後は、環境分野、とくに廃棄物処理を専門にキャリアを歩んだ。

北海道庁に入ると、必ず直面するのが転勤だった。広い北海道は、札幌にある道庁だけではカバーしきれず、定期的に九つの総合振興局と五つの振興局に出るのが避けられない。井戸井の場合、道南の渡島《おしま》総合振興局や、北海道で最も東に位置する根室振興局などに勤めてきた。振興局勤務が、井戸井は嫌いではなかった。札幌ではわからない地域の風土や、そこで生きる人々の暮らしを知ることには意味があると考えていたし、行った土地にはいずれも愛着がうまれた。

釧路総合振興局保健環境部のくらし・子育て担当部長を拝命した二〇二〇年四月、牛を連続で襲うヒグマのことは、すでに井戸井の耳に入っていた。ヒグマをはじめとした野生動物による獣害問題は環境分野の管轄であり、保健所の管理や育児施策など、幅広い業務を抱えた井戸井の部署が、対応を請け負わざるを得なかった。だが、当初の対策は標茶町役場が担っていたうえ、井戸井には新型コロナ対策という喫緊の課題があった。保健師は慢性的に足りず、社会福祉施設で集団感染が起こると、井戸井自ら応援に駆けつけなければならないほど、忙しかった。二〇一九年には二八頭が襲われたが、二〇二〇年の被害は五頭だけだったので、襲撃は終わったのではないかとひそかに期待もしていた。

しかし、そうはいかなかった。二〇二一年、ヒグマは六月二四日に標茶町の東阿歴内牧《ひがしあれきないぼく》野《や》に出現し、三頭を襲い、うち一頭を殺してから、およそ一週間に一度のペースで牛を襲い続けた。その年だけで被害は二四頭にのぼり、一晩で六頭を襲った日もあった。ヒグマは、標茶町の隣、厚岸町の牧場でも牛を襲い始め、ひとつの町だけでは対応できなくなっていた。

被害が起きるたび、井戸井は、標茶町農林課の宮澤匠や、厚岸町環境林務課の古賀栄哲に連絡をとったが、二人が困惑を深めていくのを感じずにはいられなかった。酪農家からは何とかしてくれと言われるが、姿を見せないヒグマは捕獲しようがない。罠を置いても、入るのは決まって別のヒグマだった。基幹産業である酪農のブランドイメージは低下していた。

町役場だけでは対応できないと判断した井戸井は、道庁が前面に立つしかないと腹を決めた。被害が複数の自治体で起きている以上、情報共有と広域対策が必要になる。そのヒグマは人間こそ襲わないものの、いつまでもやられていては、住民の不安や焦燥感も募る。

井戸井は、改めてこれまでの被害を整理した。

二〇二一年までに襲われた五七頭のうち、二六頭が死亡、二九頭が負傷、二頭が行方不明だった。被害が起きた二五の現場のうち、最初の髙橋雄大の牧場を含めた九ヵ所で幅一八cmの足跡が発見されていた。野生のヒグマの研究では、個体の特徴を判別する際に、前足跡の幅を計測する。野生のヒグマを発見するのは非常に難しく、見つけられたとしても、直接接触するのには危険が伴う。そのため、限られた情報から個体の全長や体重を推定しなければならない。長年の研究から、大きさを推定するには、「後ろ足の幅」や「前足の長さ」よりも、「前足の幅」を計測することが適しているとされ、その研究の蓄積は、一八cmの大きな前足の幅の持ち主は、大型のオスであることを意味していた。

一六の現場には、体毛が残されていた。道総研で分析したところ、このうち九つの現場で採取された体毛からDNAデータが得られ、そのすべてが一致した。道総研でヒグマ調査の責任者を務める釣賀《つるが》一二三《ひふみ》は、「一頭が五七頭すべてを襲っているかどうかは確実ではないが、大型のオスの個体が、大半の被害にかかわっていることは間違いない」と井戸井に伝えた。

牛のからだに残された傷跡の多くが、後ろから飛びついて残された爪跡だという共通点もあった。これまで牛への被害がなかったことを考慮すれば、特異な一個体による連続襲撃の可能性がきわめて高いと考えられた。

最初の髙橋牧場の一件をのぞいて、被害はきまって夏の夜に起きていた。早い年には六月下旬から牛を襲い始め、九月中旬から下旬になるとピタリと終わる。犯行の手口は同じだが、夜のあいだに牛を襲うため、髙橋雄大が目撃して以来、誰もそのヒグマを見ていなかった。

ひと言でいえば、とんでもないヒグマだった。

井戸井は、二つの町役場、猟友会、専門家たちを集めて、捕獲対策を協議することを決め、年内に最初の会議を開くべく、声をかけ始めた。すでに三年連続でやられている。来年の被害は、何としても防がなければならなかった。

さらに井戸井は、もう一つ、事務的な、だが後に重大な意味を持つ決定をくだすことになる。きっかけは、道庁が乗り出すにあたって上司の釧路総合振興局長に相談したところ、そのヒグマに名前を付けたほうがいいと示唆されたことだった。いつまでも「問題個体」「あいつ」「あのヒグマ」と呼ぶわけにもいかないという理由からだったが、実は、すでに部内では、そのヒグマに仮の名前を与えていた。最初の被害現場オソツベツと、前足跡の幅一八cmに因んで「OSO18《オソ・ジュウハチ》」。野生動物対策に詳しい部下の発案で、「OSO」には「襲う」「恐ろしい」の意味も込められていた。後になって気付いたことだが、偶然にも「ＯＳＯ」とはスペイン語で「熊」を意味する単語でもあった。上司の助言を受けて、井戸井は、部内で非公式に使っていたコードネームを、そのまま公式の名前にした。実務的なわかりやすさを優先しただけで、深い意味はなかった。後に、メディアがその名前に激しく反応し、センセーショナルに伝えることは予期していなかった。

第二章 端緒

OSO18捕獲対応推進本部会議

取材のはじまり［山森］

私が標茶を初めて訪ねたのは、二〇二一年一一月一日。秋が深まり、釧路から湿原を越えて標茶へ向かう道すがら、森の葉は散り始めていた。すでに、一頭のヒグマによって五〇頭以上の牛が襲われ、一向に捕まらないニュースは全国紙でも報道されていた。たとえば、同年九月一六日の毎日新聞夕刊は一面で、こう記していた。

「牛55頭襲撃ヒグマ　その名は…ＯＳＯ18」
「ＯＳＯ（オソ）18」。北海道東部で放牧中の牛を相次いで襲っているヒグマのコードネームだ。近年まれに見る大型の雄で、２０１９年7月に初めて乳牛が襲われた標茶町下オソツベツの地名と、前脚の跡の巨大さ（幅18センチ）にちなんで、関係者はこう呼ぶ。今年に入って隣接する厚岸町にも被害が拡大。このヒグマに襲われたとみられる牛は2年余りで計55頭に上り、うち26頭が死んだが、捕獲の見通しは立っていない。

この記事が出た後にも、さらに二頭が襲われていたことが判明。体毛から採取されたDNA、幅一八㎝の足跡、襲われた牛のからだに残された爪痕などが一致していたことから、すべてが一頭の巨大ヒグマの仕業によるとの見立てが強まっていた。

メディアの表現は過激さを増していた。週刊誌だけでなく、一般紙にも「怪物」「忍者」などの言葉が躍る。半分の牛が傷つけられただけだったことから「快楽犯」とも書かれた。「牛を真っ二つにする怪力」「牛襲う忍者グマ」「病的な用心深さ」「猟奇的なヒグマ」「最凶ヒグマ『OSO18』を追え」……。「OSO18」と行政が公式の名前を付けていることが、事態の大きさを物語っていた。

その日、私が訪ねたのは、標茶町の猟友会支部長・後藤勲のもとだった。地元の顔役で、ほとんどの被害現場に立ち会ってきたと聞いて、取材を申し込んでいた。初めて会う後藤は、七八歳ながら意気軒昂で、開口一番、「俺がOSO18を仕留めたら、剝製にして役場の入り口に飾るんだ」と豪語した。しかし、それが簡単ではないことも、後藤はわかっていた。

「俺は六〇年近く、ハンターをやってるけれど、これほど利口なクマは見たことがない。罠の餌にも食いつかねえんだ。標茶で牛の被害なんて、ほとんどなかったんだけど」

オスのヒグマは好奇心旺盛で行動範囲が広いため、若い頃に人里に出て捕獲されてしまうケースが多い。逆に言えば、そうした危険をかいくぐってきたオスの成獣は非常に用心深い。そのうえ、ＯＳＯ18は罠まで見抜いていることに、後藤は舌を巻いていた。町内には六つの罠を仕掛けていたが、かかる見込みは薄いと言った。では、どうやって仕留めるのかと尋ねたところ、こう答えた。

「冬眠が終わって出てきた頃に、雪に残る足跡を追いかけるしかない。ただ、俺もそうだけど、標茶のハンターは年をとってるからな。だからといって、今から若手を育成するったって、遅すぎるよ。ベテランと一緒に山を歩いて、足跡を追って撃たせて経験させないと、ヒグマなんて撃てない。いまはクマを撃ったことのないハンターばっかりだ」

後藤の家には、銃でヒグマを仕留めた若かりし日の写真が額装して飾られていた。

「あれは、いつくらいのことですか？」

「そうだな、三〇くらいだな。先輩たちが連れて行ってくれたんだ」

詳しく聞けば、後藤が森で追跡して銃で仕留めたのは、六〇年近くのキャリアで写真のヒグマも含めて五頭だけだという。本当に、ＯＳＯ18を追跡して銃で仕留めることができるのか。疑問は浮かんだが、質問することは後藤を責めるように思えて、躊躇《ためら》われた。

ＯＳＯ18について、後藤はこうも言った。

「あいつがわからねえのは、いつも牛を食べるわけじゃなくて、爪でひっかけて遊んでるような感じがすることなんだ。いたずらをしてるというか。とにかく、わからねえんだ」
誰にとっても、わからないことだらけだった。
一一月一六日には、標茶町や厚岸町を管轄する北海道庁の釧路総合振興局が、「第1回OSO18捕獲対応推進本部会議」を開催。振興局の井戸井毅が本部長となり、両町の職員や猟友会メンバー、専門家ら二一名を集めて、捕獲対策を協議した。しかし参加者のなかには、一頭の仕業ではなく、複数頭の犯行だと見る者もいるなど、足並みは揃わなかった。

会議の資料には、次のことが記されていた。

二〇一九年
「最初の被害牛のみ隠す行為を見せたが、以降は隠さず執着を感じられない」
「当初、箱罠に入りかけたところで扉が落ちたと思われ捕獲できず」
「負傷牛が多いのも特徴。OSOが遊んでいるのか、牛が逃げているのか不明」
二〇二〇年
「箱罠の前においた誘引餌を食べるが、箱罠には入らない事例が見られ、箱罠を危険なものとして学習している可能性」

「近隣自治体から箱罠を借り、形状の異なるものも使用」
「一部において箱罠を枝葉で覆った」
「餌は、エゾシカの他、蜂蜜やアルコール類なども使用」

二〇二一年

「警戒心が強く人前に現れないこと、広範囲のエリアの中で、いつ、どこに出没するか予測が困難なこと、箱罠を危険なものとして認識していると思われることから、銃猟、箱罠による捕獲は難しいと考え、くくり罠を二箇所に設置」
「一箇所目　沢に引き込み捕食された被害牛を放置し再来に期待」
「二箇所目　箱罠を設置したカメラにＯＳＯらしきクマが撮影された」
「しかし、いずれも再来せず」

標茶町と厚岸町の役場、猟友会は、考えられる限りの対策は実行していた。箱罠の形状を変え、枝葉でカムフラージュを施し、餌の種類も変えていた。「くくり罠」と呼ばれる、ワイヤーをつかった別の種類の罠も試していた。しかし、そのすべてに効果がなかった。資料の最後には、【現状認識】としてこう記されていた。

・襲撃は夜間に行われているものと思われる

・固定した移動経路がわからない
・捕食した牛を隠そうともせず餌としての執着心が希薄
・傷つけるだけのケースも多く、遊んで牛を襲撃しているようにも感じられる

率直に言って、捕獲は不可能に思えた。

どれだけ技術が進歩し、豊かになっても、人間は、たった一頭のヒグマを捕らえることさえできないほど無力なのか。

取材から戻った私は、大急ぎで企画書を書き始めた。ちょうど翌年度の特集番組の締め切りが近づいていたからだった。番組の企画書は、NHKでは伝統的に「提案」と呼ばれ、A4用紙一枚に狙いや想定する構成を記していく。OSO18の場合はシンプルだった。どんなヒグマなのか。捕獲はできるのか。つまり、「人間対ヒグマ」の行方だ。

だが、自ら提案を書きながら、私は、この企画を自分で実現させることは難しいと考えていた。二〇二〇年に東京から札幌放送局へ異動し、十数人のディレクターたちをサポートする「デスク」という仕事を命じられていた私にとって、自分の企画を優先して、現場に出ることはできなかったからだ。札幌には駆け出しの若いディレクターも多く、番組内容の相談や、技術や編成との調整など、「デスク」の名のとおり、局内の自席でやらなければならないことは毎日あった。OSO18の出現する標茶は、札幌から片道五時間かかるほど遠く、少

し時間ができたからといっておいそれと通うこともできない。実現しない可能性が高い提案を書いていたのは、ディレクターとして現場復帰したときにそなえて、提案を書く習慣を失わずにいたいと考えてのことだった。

有元優喜が私に声をかけてきたのは、そんなときだった。

提案［有元］

「ＯＳＯ18で番組をやろうとしてるんですか？」

喫煙所でばったり出会ったとき、山森に単刀直入に聞いた。

「やろうとしてるよ」

「実は僕もやりたいと思っていて……一緒にやりませんか」

山森は私より一五歳近く年上の先輩だった。前年、同じタイミングで札幌に転勤してきて以降、一緒に仕事をしたことはなかったが、先輩、後輩の関係として、いつも喫煙所や居酒屋でドキュメンタリーについて語り合う間柄だった。山森がＯＳＯ18の企画を出そうとしているという話を局内で聞いたのだ。

私がＯＳＯ18の存在を知ったのは、その三ヵ月前、二〇二一年八月だった。

その年、全道のヒグマによる人身被害は、史上類を見ない件数にのぼっていた。八月までの死傷者は一二人に達し、統計が残っている一九六二年以来、最多の数に及んだ。とくに全国的に報じられたのが、六月一八日、札幌の中心部に白昼堂々ヒグマが姿を現し、通行人四人に襲いかかった事件だった。自衛隊駐屯地に侵入して隊員に襲いかかる姿や、歩行者に背後から飛びかかる様子が撮影され、テレビでは繰り返しその映像が流されていた。死者こそ出なかったものの、近隣に山や森がない住宅街にヒグマが現れることは前例のない事態だった。街中だからといって安心できる時代は終わり、野生による逆襲の時代が始まった、と専門家やメディアは伝え続けていた。

私もそのうちのひとりだった。テレビディレクターになって三年目だった私はその夏、札幌中心部で起きた事件の検証を切り口に、ヒグマをテーマにした番組を作るよう上司に命じられていたのだ。

とは言うものの、ヒグマは自分にとって縁遠いテーマだった。自然や動物を取り上げる番組を制作した経験さえなかった。何のためにヒグマは人間を襲うのか、そもそもヒグマとツキノワグマがどう違うのかさえ、何ひとつ知らなかった。

まずはインターネット上の新聞記事のデータベースに「ヒグマ」と打ち込み、関連する報道をひたすら追うことから始めた。

七月二日、道南の福島町で畑仕事へ出た女性が遺体となって見つかった。そばには遺体を隠すためにヒグマが掘ったとみられる直径七〇cm、深さ二〇cm程度の穴があった。七月一二日、道北の滝上町《たきのうえちょう》で本州からの旅行者が頭部から大量の血を流して林道で死亡。性別すらわからないほど激しく損傷した状態だった。そんな生々しい内容が書かれた記事が並んでいた。そしてほとんどの事例が、人間とヒグマがお互いに気付かないまま遭遇し、自分の身を守ろうとするヒグマの防衛的行動によって発生した事故だと結論づけられていた。

だが、そうした多くのケースとはまったく異なる、ひときわ奇妙な内容の記事が全国紙の夕刊の一面を飾っていた。それが、ＯＳＯ18に関する記事だった。

たった一頭のヒグマが五五頭もの牛を襲うという行動は、いささか猟奇的に思えた。しかし、その記事に目を引かれたのは〝数〟だけが理由ではなかった。襲った牛を食べないという動機の謎、人前に姿を現さないという正体の謎。事件の経過を調べていくうちに、私は、動機も正体も、一切がわからないミステリアスな存在に強く惹きつけられていった。それ以来、札幌中心部での事件の検証番組を制作しながら、心は北海道東部の森に潜む一頭のヒグマに吸い寄せられるようになっていった。上司に命じられた仕事をこなし、制作を続けているうちに、いつしか夏は過ぎ去っていた。

喫煙所で投げかけた私の言葉に、山森は少し間をおいて「わかった」と言った。

私と山森は、それぞれの取材内容を持ち寄り、改めて提案を書き始めた。放牧中の牛を相次いで襲い続けている正体不明の〝怪物〟がいること。二年が経過したいまも、目撃情報が一切ないこと。牛を食べた形跡がなく、動機がいまだ不明であること。そしてそのヒグマにＯＳＯ18という名が与えられ、いまもハンターたちによって追跡が続けられているが、捕獲の見通しがまったく立たないこと。番組のねらいは、このヒグマの追跡劇を現在進行形のドキュメントとして記録しながら、その誕生の背景に迫る、というものだった。

この番組において最終的に目指すことは何なのか。締め切り日前日の夜、過去の記事や取材メモを照らし合わせながら、山森と話し合っているとき、二人で気付くことがあった。私たちはヒグマそのものではなく、そこに視線を注ぐ人間という存在について描きたいのだ、と。

自然を支配し、作り変えると同時に、人知を超えた自然に恐れをいだき、同時に未知の存在に心を惹きつけられるのはなぜなのだろう。人々が、メディアが、そして、自分たち自身が。

提案の最後にはこう記してある。

ＯＳＯ18とは、いったい何者なのか。
人間が自然をコントロールしてきた時代の終焉を告げる存在なのか。
奪われた土地に再び侵入する無数の獣たちの象徴なのか。
あるいは、善を求めて過ちを犯す人間の写し鏡なのか。

――見えない怪物に、人間は何を見るのか。

この番組は、ＯＳＯ18という空洞を中心にして展開される「人間たちの物語」である、というのが私と山森の共通認識だった。もしこの企画が採用されれば、ＯＳＯ18と対峙し、捕獲に向かう人間たちの姿を群像劇として半年かけて記録し、次の夏の放送を目指そうと話し合った。

Ａ４一枚の提案を書き上げた頃には、締め切り当日の午前二時になっていた。

本当はとてもいいクマ［山森］

キャンパス内に牛や馬の放牧地を抱える広大な北海道大学に、獣医学研究院の教授である坪田敏男を訪ねたのは、雪の日だった。提案を書いて番組を作るにあたっては、頼りとする専門家への取材が欠かせない。謎に包まれたヒグマだからこそ、センセーショナルに走らず、科学的に理解することが必要だった。札幌から離れられない私がそうした専門家の取材を担い、有元が道東へ行く、大まかな分担を決めていた。

大阪出身ながら、雄大な自然に憧れて北大に進んだ坪田は、学生サークル「ヒグマ研究グループ」に入り、フィールドワークにのめりこんだ。四〇年が経ち、ヒグマ研究の世界的権威になったが、いまも春から秋は現場調査に赴く。坪田は、どんな初歩的な質問にも穏やかに答えてくれて、以降ずっと知恵袋になってくれた。

ヒグマは、ユーラシア大陸とアメリカ大陸の北緯四〇度以北に広く分布し、クマ科八種のなかでも最も広く分布する哺乳類だ。厳密にいえば、北海道のヒグマはエゾヒグマと呼ばれる亜種で、氷河期に大陸から何回かにわけて渡ってきた。大きく三つの系統に分かれていることがＤＮＡで確かめられていて、標茶町のヒグマは道東の個体群に含まれる。そんな解説から坪田の取材は始まった。

「ヒグマは、オスとメスで、まったく行動が違います。オスは行動範囲が広く、生まれた場所から遠く離れていく。一方、メスは、生まれた場所の近くで一生を過ごします。冬眠場所も、非常に近い範囲に限られています。だいたい一年に二頭の子どもを産みます」

ＯＳＯ18については、報道でしか知らないと断りながら、坪田はこう言った。

「これだけ捕まらないわけですから、賢いヒグマだと思います。人間に対する警戒心が非常に高い。不思議なのは、やはり食べていないことです。ヒグマは、人を襲ったときも食べるわけですから。食べないのに襲うというのは、聞いたことがありません。きわめて特殊です」

坪田によれば、ヒグマは元々食肉類で、ウシやシカのように胃が複数あるわけでも、ウマのように盲腸が発達しているわけでもない。解剖すると内臓は肉食仕様のままだが、数百万年の進化の過程で、次第に草食に傾いていったのだという。

「専門的には『日和見的な雑食』と言いますが、要は、手に入れられる食糧は何でも食べるわけです。もし、肉食だけだったら、ヒグマは絶滅していたかもしれません。肉はいつも得られるわけではありませんから。正しく言えば、草食化していった個体群だけが生き残ったわけです」

そして坪田は、意外なことを口にした。

「そもそも、いま北海道にいるヒグマのなかで、肉を食べたことのある個体はほとんどいないと思います」

「え、そうなんですか？」

予期せぬ話だった。人間が襲われたときに無残に食べられるイメージから、私には、ヒグマは肉食が中心だという思い込みがあった。それは間違いだと、坪田は明確に指摘した。

「春は山菜、それから夏にかけてはキイチゴやベリー類を食べ、秋にはドングリなどの木の実。九割のヒグマは一生のうちで一度も肉を食べたことがないはずです。木彫り熊のイメージがあるかもしれませんが、いま、サケやマスが手に入る地域は北海道でも知床くらいです。ただ、学習能力が高いので、一度味をしめると学びます。美味しくて栄養価が高い肉を覚えたヒグマは厄介です。一度人を襲ったヒグマは、必ず捕獲しなければならないのも、同じ理由からです」

「エゾシカや牛を食べることはあるのではないでしょうか？」

「それも、滅多にないと思います。まず、牛のような家畜を襲うこと自体、近年は聞いたことがありません。牛も大きいですから、獲物として認識していないのだと思います。それから、意外かもしれませんが、生きているエゾシカをヒグマが捕らえるのは難しいんです。森の中でエゾシカは相当なスピードで逃げますから。例外があるとしたら、生まれたての子ジカか、交通事故などで死んでしまった個体の死骸でしょうか」

ヒグマは、血の匂いを好み、死んだエゾシカを食べて肉の味を覚えた可能性は十分にあると、坪田は言う。だが、だとしたら、なぜ襲った牛を食べないのか。

「それは、本当にわかりません。ただ、被害が六月から九月に限られているなら、食べることと関係しているとは思います。冬眠明けからしばらくは、胃も小さくなっていますし、山菜などで十分です。九月や一〇月になるとドングリのような木の実があるし、人好物である飼料用トウモロコシのデントコーンもあります。夏が、一番ヒグマにとって餌が厳しい時期なんです。だからその時期にだけ、牛を襲っているのかもしれません」

言葉を選び、わからないことはわからないと明言しながら、坪田はOSO18の実像を推理していった。だが、この日、最も印象的だったのは、次の言葉だった。それは、北海道のヒグマが絶滅の危機に瀕していた時代から、四〇年にわたり研究を続けてきた坪田の、ヒグマへの愛情を感じないわけにはいかないものだった。

「OSO18は、本当はとてもいいクマだと思います。慎重さと臆病さを持った、賢くて、学習能力の高いヒグマ。だけど、どこかで道を間違えて牛を襲うようになった。これだけの被害をもたらしているわけですから、捕獲しなければなりません。ただ、大事にしなければいけない、いいクマを殺さなくてはならない状況になっていることが、私は残念です」

坪田が残念だと言うほどの、とてもいいヒグマが、なぜ牛を襲う凶悪な連続犯になったのだろう。いったい、どんなヒグマなのだろう。取材の帰り、坪田の言葉を反芻し、ますますＯＳＯ18に興味を惹かれていった。

確かなのは、どこにいるのかわからない、その姿を捉えるためには、追跡するハンターの力が必要なことだった。だが、目撃されず、ほしいままに牛を襲うＯＳＯ18と対峙できるほど、絶大な力を持つハンターなどいるのだろうか。

そう訝《いぶか》る私に、ある噂が聞こえてきた。知床半島の付け根に位置する標津《しべつ》町《ちょう》に、北海道随一のヒグマ捕獲のエキスパートたちがいる。北海道庁は、どうやらその集団にＯＳＯ18の捕獲を託そうとしているらしいと。

第三章
託された男たち

銃で狙いを定める赤石氏

銃を持たないハンター［有元］

二〇二一年一一月二九日午前七時半、私は釧路行きの飛行機に乗っていた。

ＯＳＯ18が現れた標茶町と厚岸町は、北海道でも道東と呼ばれるエリアに属する。特に、釧路市から根室市にかけて広がるこの辺り一帯は根釧台地と言われ、日本随一の酪農地帯である。私は、事件の関係者に話を聞くために、道東へ飛んでいたのだ。

到着直前、高度を下げていく機体の窓から見えたのは、地平線まで果てしなく続く深い森だった。道路も民家も、人工物は何ひとつ見えない。木々の葉はもうすっかり落ちていて、うっすらと雪が積もる山並みをセピア色の朝日が照らしていた。この森のどこかにＯＳＯ18がいる。そのことが私の心をざわつかせた。

「ＯＳＯ18捕獲対応推進本部」には、四人の専門家が招聘されていた。そのうち捕獲分野の専門家が、ＮＰＯ法人南知床・ヒグマ情報センター理事長の藤本靖《ふじもとやすし》だった。知床半島の付け根・標津町に本拠地を置いている。同じ道東エリアには属するが、ＯＳ０18が被害を出している標茶町、厚岸町からは、さらに一〇〇㎞ほど離れている。ＯＳ０18を仕留められるのは、藤本が束ねるその集団しかいないのではないかと、北海道庁の職員は口にしていた。

連絡を取り、藤本から来るように指定された住所は、国後島《くなしり》が望めるオホーツク海の浜辺に面した一画だった。到着したのはいいものの、自動車整備店「車検のコバック」があるだけで、事務所らしきものは見当たらない。仕方がないからコバックの店員に聞いてみることにした。

「このあたりに南知床・ヒグマ情報センターという団体の事務所はないでしょうか」

「ああ、ここですよ。社長、お客さんです」

奥から現れたのは、グレーのＴシャツを着た中年の男だった。

「ＮＨＫかい？　ここが事務所なんだよ」

電話口で聞いた藤本の声だった。

南知床・ヒグマ情報センターの事務所は、藤本がオーナーを務める自動車整備店の中にあった。正確に言えば、店の奥にある藤本の自席が、事務所を兼ねていた。

藤本は、標津町の自動車整備店を経営する傍ら、二〇〇六年に知り合いのハンターたちとともにこの組織を立ち上げた。

藤本は一九六一年、標津町で自動車整備会社を営む父のもとに生まれた。西に知床連山、東にオホーツク海を望む、大自然と隣り合わせの環境で生まれ育った藤本にとって、幼少期からの何よりの楽しみが釣りだった。大人になってからも毎週のように地元の仲間と釣りを楽しんでいたが、サケが自然遡上する町内の忠類川でサケ釣りの解禁運動に携わったことが転機となる。一九九五年、藤本らの働きかけにより、忠類川はサケ釣りが可能な日本初の河川となり、全国から釣り愛好家が続々と訪れた。

そのとき多発したのが、釣り人とヒグマの遭遇だった。当時、ヒグマの生息数は徐々に増加し始めており、釣り場の管理に当たっていた藤本は対応に迫られた。人身事故を防ぐためには、まずヒグマのことを知らなければならない。地元のハンターたちにヒグマの生態について聞いて回った。どこであればヒグマに出会わずに済むのか、もし出会ったらどうすればよいのか、どんなヒグマが危険なのか、いつヒグマが出没するのか。

しかし、見解はハンターによって千差万別だった。経験と勘がものを言うハンターの世界では、判断を直感に委ねている者が多く、科学的根拠も希薄だった。そこで藤本は、信頼できるハンターたちに声をかけ、被害を抑えるための対策を行いながら、ヒグマの科学的調査も担うNPOを立ち上げたのだ。

藤本本人は、狩猟免許も銃も所持していない。ハンター集めと組織の運営、ヒグマの生態研究に力を注いできた。ハンターたちが捕らえたヒグマに発信機を取り付けて放ち、その移動距離や好んで歩くルートの規則性を解き明かす研究も行っていた。

所属するハンターは、標津町をはじめ、中標津町《なかしべつちょう》、別海町《べつかいちょう》、浜中町、釧路町など、道東一円に散らばる。北海道内でも名を馳せるヒグマ捕獲のエキスパートたちだ。これまでにメンバー全員で仕留めてきたヒグマは、合計一〇〇〇頭近くにのぼるという。

もともとは、休日に趣味として狩猟を楽しんでいたハンターたちだったが、藤本が組織としてまとめ上げて以来、行政から委託を受けて、有害鳥獣駆除も担うようになった。対象となる野生動物はヒグマだけでなく、エゾシカやキツネ、カラス、ハト、トドなど多岐にわたる。農業、酪農業、漁業など地域の第一次産業に深刻な経済被害をもたらす動物たちだ。とくにヒグマは、人間を一瞬で死に至らせる攻撃力を持っているため、他の動物以上に地域住民を不安に陥れる存在だった。繰り返し人里に出没し、人畜に被害を及ぼす恐れのあるヒグマは「問題個体」として、NPOのハンターたちが未然に駆除することもある。藤本たちは地元住民にとって自警団とでも言うべき存在だった。

OSO18はどんなヒグマなのか訊くと、静かに語り始めた。

「出没してる時期がほんの二、三ヵ月。それ以外の時期は出ていない。だから、基本的にどこにいるのかわからない。それに、何のために襲ってるのかも理解しづらい。俺が見たやつは、首からは血流してたんだけど本当に軽傷で、何なんだろうなっていう感想しかまだ持てない。食べるためにやってくれたほうがわかりやすくていいんだよ。食べるためじゃないんだもん、どう見ても。こんなヒグマは前例にないです。まるっきり」

藤本は何よりもまず、情報が足りなすぎるのだと言った。手がかりは、一枚の白黒写真と前足幅一八㎝という情報のみ。それ以外、何ひとつわからなかった。

特定のヒグマを捕らえるためには、周辺の地域のヒグマの目撃情報や痕跡、植生、そこから考えられる移動ルートなどを地道に積み上げなければならない。ＯＳＯ18の捕獲をするには、まずはそうした情報を集めることが優先事項だった。

「ＯＳＯ18に関しては、被害はあちこちであるんだけど、それが同一場所ではないということと、目的がどうやら食べるためではないということから、絞りづらい、やりづらい、捕りづらいことばっかり。俺らも会議に呼ばれて行ってるけども、とにかく情報がなさすぎますと。そこから先の部分に関してはちょっと未知数だね」

標茶町と厚岸町の猟友会が箱罠での捕獲を目指しているが、ＯＳＯ18はすでに箱罠を見抜いているとみられる。だから、同じことを続けても捕まえるのは難しいだろうと言う。

もし方法があるとすれば、と藤本はひとつの策を教えてくれた。

被害が起きる夏の間は、牧場の周辺の草木が鬱蒼と生い茂る。姿を見つけられたとしても、藪の中に逃げ込まれれば、見通しが悪く、追跡するのは困難である。だから、草木の葉が落ち、大地一面に雪が降り積もる冬こそが最大のチャンスだ。冬の間ヒグマたちは冬眠しているが、春が近づき気温が上がり始めると、穴から這い出て歩き出す。雪が解けきるまでのわずかな期間、森の地表に積もった雪の上に、歩き出したヒグマの足跡が残される。もし、冬の間に、この足跡を見つけることさえできれば、追跡して仕留めることができるかもしれない、というのである。

ただし、足跡を追跡する途中、前にいるヒグマに人間の気配を感じ取られてしまえば、一目散に逃げられてしまう。そこで必要となるのが「巻き狩り」という方法だった。複数人で協力して行うグループ猟である。足跡を追跡する側と、待ち伏せる側に分かれ、追跡する者はわざとヒグマに気配を感じ取らせ、仲間が待つほうに誘導していく。その先で、じっと待ち伏せているハンターが、逃げてきたヒグマを仕留める。それが、成功の可能性が最も高い作戦だと藤本はみていた。

標茶町、厚岸町の猟友会がＯＳＯ18を捕獲するために箱罠を設置し始めて二年半。事態が一向に進展しない状況を受けて、そろそろ藤本たちがＯＳＯ18の捕獲に動き出すかもしれない。とすれば、彼らは冬の間に足跡探しを行い、巻き狩りを実行するだろう。私は、ＯＳＯ18の巻き狩りを実行するときについていかせてもらえないか、と頼み込んだ。

藤本は笑いながら言った。

「まだまだそんな段階にないから。森の中で、足跡を見つけるだけでも大変なんだよ。それに、クマの巻き狩りは超危険だから。いつクマが反撃してくるかわからないし、気心の知れた仲間内だけでやらないと誰かが命を落とすかもしれない。はじめましての人間は連れていけないよ」

断る理由はもっともだった。

私が落胆した様子でいると、気を遣ってくれたのか、エゾシカの巻き狩りならついてきてもいいぞ、と言う。冬の時期は、休みの日にいつもメンバーでエゾシカの巻き狩りをやっているのだという。彼らのことを知るためにも、まずはそこに同行させてもらうことにした。

一一人の仲間

年が明け、二〇二二年一月八日。根釧台地の牧草地は、一面が雪で覆われていた。

藤本が集合場所にしたのは、標茶町の東に隣接する別海町の牧場だった。メンバーのひとりの牧場だという。

朝八時半、牧場の倉庫の前に次から次へとトヨタハイラックスがやってきた。車の後方に広い荷台を搭載したピックアップトラックだ。仕留めた獲物を積み込むためか、メンバーは皆、この車を愛用しているようだった。

倉庫の中に入ると、薪ストーブを取り囲むようにして、男たちがパイプ椅子に座っていた。ストーブの脇には、七輪が置かれ、彼らはエゾシカの肉やホタテを焼いている。藤本が「気心が知れている」という、平均年齢六〇歳の、一一人の男たちである。

この日は、ＯＳＯ18の話で持ちきりだった。

「たとえば人間だったらさ、二五・五㎝の足跡の男を探せって……無理じゃん。手がかりがなさすぎる」

冗談を交えながらそう語るのは、集合場所となっているこの牧場の主の松田祐二。酪農を営みながら、狩猟や釣りを趣味にしてきた。

「あと自分で測ったんであれば、一八㎝だって信用できるけど、自分が見たり触ったりしてないことは信用できないよな」

そう語るのは元小学校教師の黒渕澄夫。五八歳まで埼玉で教員生活を送っていたが、一八年ほど前、北海道に移住してきた。

そのほか、ホタテ漁師・上林芳勝、介護施設経営者・関本千春、食肉解体所経営・岩松邦英など、男たちは経歴も職業もバラバラだった。いずれも本業を抱えながら、休みの日に狩猟の腕を磨いてきた。

彼らは、酒もタバコもほとんどやらない。酒を飲めばアルコールが抜けきるまで車を運転できなくなる。夜であろうと、いつヒグマの出没情報が寄せられるか読めないため、移動の「足」を失うわけにはいかない。野生動物は人間よりもはるかに鼻が利くため、追跡している獲物を逃がさないためには、タバコの匂いも大敵である。ストイックで合理的な彼らの性格は、どこか頭の中にある、豪快で大酒のみの猟師というイメージとは、一線を画すものに感じられた。

合計一〇〇〇頭近くにのぼる全員のヒグマの捕獲実績の半数以上は、メンバーの中にいるたったひとりの男によるものだった。

いつも一番奥のパイプ椅子に座る、赤石正男。七〇歳を超えた現在も道内外のハンターから〝現役最強のヒグマハンター〟として崇められている。二〇歳で狩猟免許を取ってからちょうど半世紀、ヒグマを捕らなかった年は一度もない。その数は一一八頭までは数えていたが、それ以降は覚えていないという。数えていた頃から、もう二〇年は経った。

普段は寡黙にしているが、ヒグマを仕留める極意を尋ねると、半ば笑みを湛えて、飄々と語り始めた。

「習性がわかんなかったら捕れないよ、絶対。逆襲されて逆にやられるよ。簡単にやられるよ。甘い考えで行ってやるやつはみんなやられてるから」

「ご自身が危険な目にあったことはないんですか？」

「ないね。なぜか俺と顔合わすとクマのほうが逃げてくんだ。不思議だよな。本当に不思議だよ。こんなところに顔あんだよ。目合ってんだけど、知りません、っちゅうような顔して、素通りしていく」

確かに、赤石にはほかのメンバーとは異なる雰囲気が漂っていた。口数は少なく、メンバーの話を常に微笑みながら聞いているが、瞳だけは鋭かった。それはまるで獣の目のようだった。

巻き狩り

巻き狩りへ出発することになり、赤石のハイラックスに同乗した。走行距離のメーターには、七七万㎞と表示されている。一九九〇年に買ってから三〇年以上、修理を重ねながら乗り続けていた。エンジンは二回取り替えたという。

時折、赤石は、謎めいた独り言をつぶやく。

「雪が固くなってて音悪いな」

どういう意味か尋ねた。

「雪が固い日はタイヤが音を出すだろ、その音をアイツらが聞いてるんだよ」

ヒグマやエゾシカなどの野生動物は、人間の何倍も鋭敏に外敵の気配を感じ取る。それをわかっていないと、簡単に逃げられてしまうのだという。

高台に着き、車を停めた。遠くに広がる湿地を眺める。

「いた、いたいた」

一㎞ほど先に、五〇頭ほどのシカの大群が一斉に駆けていた。もうバレてるよ、と赤石は双眼鏡を覗きながら笑った。

「赤ちゃん（赤石）は、人間っていうより動物なんだわ」

藤本は赤石のことを指してそう言う。藤本と赤石は、もともと地元の標津町で釣りをしていて知り合った仲だった。藤本がヒグマについての独学を始めた際、指南役となったのが、一〇歳年上の赤石だった。それから四〇年以上、ともに山に入り、赤石が次々と獲物を仕留める姿を目の当たりにしてきた。

赤石が圧倒的な捕獲歴をもつ背景には、天性の才能ともいえる野性的な感覚があった。動物が何を考えているのか、どの方向へ向かおうとしているのか、赤石はすぐに読み取ってしまう。赤石の脳内には、よく行く森の地形の特徴や植生が沢の一本一本に至るまで刻み込まれている。だから、エゾシカやヒグマをいとも簡単に見つけ出すことが可能だった。それだけではなく、足跡を見ただけで、その足跡の主が元気か、お腹を空かせているのか、眠たそうにしているか、などの状態までわかるという。

メンバーはそれぞれの車を走らせ、無線で連絡を取り合いながら、獲物の追い立て役「勢子《せこ》」と待ち伏せ役「待ち」に分かれて、森の中の配置についていく。この日、赤石は、「待ち」についた。

林道の奥で車を停め、歩き始める。

遅れをとらないように急いでついていくと、雪に足を取られ、私は思わず転んでしまった。

赤石は即座に振り返り、すごい剣幕で見つめてきた。そして、無言のまま、白らの口の前に人差し指を立てた。「静かに」と命じる仕草だった。さっきまでの飄々とした雰囲気とはまるで変わって、その目は殺気を放っていた。

湿地に面する小高い林の中に位置をとった。湿地を挟んで対面にある林から、勢子が歩いてくる作戦のようだった。

赤石は微動だにせず、目線だけを左右に振り動かし、じっと、遠くを見つめている。足音もなく、風の音もなく、静寂が一帯を包んでいた。

三〇分ほどして、向こうの林から、一〇頭ほどのエゾシカが飛び出してきた。勢子が近づいてくる気配に気づき、逃げようと、こちらに向かって勢いよく走ってくる。赤石は瞬時に腰を落として、スコープを覗き、銃口をエゾシカに向けた。獲物はみるみる近づいてくる。

一〇〇m、九〇m、八〇m……。それでも赤石は引き金を引かない。

獲物が近づいてくる間、スコープを覗きながら、独り言をつぶやく。

「でけえな、でけえな……。こんなん、いらないっつうの……」

エゾシカはその身体が大きくなるほど、肉が固く、臭くなる。だから赤石はいつも、一歳ほどのオスしか狙わない。赤石は角を見てそれを見分ける。エゾシカのオスは生まれて一年後に角が生え始め、その後一年おきに角が枝分かれしていく。そのため、枝分かれしていない角を生やしているのが、一歳のオスジカということになる。メスはそもそも角が生えないため、年齢を一瞬で見分けるのは難しい。だから、肉として価値のある若い個体を確実に持ち帰るために一歳のオスを狙う。一〇頭のエゾシカが全速力で突進してくる間、赤石はその中の枝分かれしていない角を探し出していたのだ。

五〇ｍまで近づいたとき、ようやく一発だけ放った。

静寂を切り裂く、爆音が轟いた。一頭の小さいエゾシカが湿地の葦の中に消えた。

放った一発は、首元に命中していた。

足や腹に命中すれば、肉が抉《えぐ》れてしまい、その部分は食べられなくなってしまう。だから、食べる部分がほとんどなく、一発で絶命させることができる首元を必ず狙うのだという。

猟が終わり、「ヒグマのときは耳の穴を狙うんだ」と教えてくれた。

ヒグマは、頭蓋骨が非常に硬く、銃弾がはじかれることがある。胸の肉は厚いため、貫通せず、一撃で倒れないこともある。だから、耳の穴なのだ、と。

その佇まいは、森という戦場で命を懸けた瞬間を幾度もくぐりぬけてきた狙撃手のようだった。

メンバーの中で、唯一銃を持たない藤本は、狙撃手に対置するなら、いわば「観測手」だった。

　戦場において、狙撃手は観測手と二人一組で行動する。スコープを覗いて標的に狙いを定めている間、周囲の状況をつかむのが困難だからだ。観測手は、標的との距離や角度、風向き、気温などを観測し、狙撃の手助けを行う。同時に、常に周囲に気を配り、早い段階で危機を察知する役目も果たす。

　藤本は、巻き狩りのときも、最も全体を見渡せる位置に車を回し、無線でエゾシカの動きを伝え続けていた。木を見て森を見ず、という言葉があるが、野生動物を仕留める場においても、木を見るハンターと、まさしく森全体を見渡す藤本のような存在が必要だった。

第四章 宿命

OSO18に狙われた標茶の牧場

熊牛村［山森］

屈斜路湖《くっしゃろこ》に端を発し、太平洋に注ぐ釧路川の中流に標茶町は位置する。役場やスーパー、飲食店、病院や学校など主だった施設は川の両岸に小さく固まっていて、そうした市街地を墓地がみおろしている。北海道の小さな町では、市街地を見渡せる場所に墓地がつくられることが多く、標茶も例外ではなかった。原野を切り開いてきた祖先たちに、いつまでも見守っていてほしいという願いが込められているかのようだった。

だが、市街地は、町のほんの一部でしかない。端から端まで、車を飛ばしても一時間はゆうにかかるほど標茶は広い。隣り合う中標津町や別海町が平坦で、はるかに地平線が見えるのに対し、標茶の地形は起伏に富み、大半を森が占め、その森を切り開いて牧場が点在している。そして牧場には、七二〇〇の人口の九倍にあたる六万七〇〇〇の乳牛がいた。

標茶には、かつて別の名前があった。あまりに不気味なために、一九二九（昭和四）年、現在の名に改名されたこの場所の元の名前は、「熊牛村《くまうしむら》」といった。語源はアイヌの言葉で

「魚を乾かす棚が多くある場所」であって、ヒグマにも牛にも関係はなく、「熊牛」は当て字でしかない。だが、消えたその名前は、一〇〇年後に起きる事態を、宿命かのごとく、予見していたように思えた。

二〇二二年が明け、冬季北京五輪で通常放送がしばらく休止になるため、時間の余裕がうまれ、私も標茶に通うことができるようになった。毎日のように顔を出したのが、「空と大地にミルクで乾杯」と記された塔が正面玄関の横に立つ町役場の農林課だった。

農林課で、二〇二〇年からOSO18への対策を担ってきたのが、林政係の係長・宮澤匠である。宮澤も、生家は酪農を営んでいた。自身は跡を継がなかったが、小さな頃から牛と育ってきたため、襲われた酪農家の気持ちがよくわかった。無力感を覚え、OSO18の夢でうなされたこともあったという。林政係の主な仕事は広大な森の管理とエゾシカやカラスなどの有害鳥獣対策だったが、OSO18への対応を最優先にしていた。

宮澤を含め三人の林政係は、「捕獲」、「防除」の二つを行っていた。「捕獲」は、その名のとおり、捕らえること。ヒグマが冬眠に入る前の初雪直後や、冬眠明けの春の残雪期には、雪上に残される足跡を探し、赤外線ドローンによる探索も試していた。足跡や目撃情報を募るチラシを町内にまき、有力な知らせがあると、猟友会のハンターとともに出動した。出動回数は、二〇二〇年だけで九一回、二〇二一年には三五回だった。

一方の「防除」とは、ヒグマの侵入を妨げ、牛への被害を防ぐことである。夜通しで音を出すラジオスピーカーや、光を放つ装置を放牧地に置くほか、希望する酪農家がいれば、電気柵の設置を支援した。それでも襲撃は防ぎきれず、被害総額は二〇二一年度までに七六七三万三〇〇〇円にのぼった。

役場に通うにつれ、宮澤は、二〇一九年八月一三日に撮影された一枚の写真について、詳しく教えてくれるようになった。実は、そのとき、カメラは映像を記録していて、写真はその映像から切り出したものだという。

「あの写真は、最初に被害があった高橋牧場に仕掛けた罠の横に設置したカメラの映像の一部です。ＯＳＯ18の可能性は高いですが、ＤＮＡがとれたわけではないですから、絶対とは言えません」

確かに、町の発表では、その写真に「ＯＳＯ18とみられるヒグマ」とキャプションがついていた。宮澤は、こう付け加えた。

「実は、あの写真が撮られる前に、一度ヒグマは罠の近くに戻ってきていました。ただ、そのとき、うまく罠にかからなかったんです。私が農林課に来る前のことなので、現場は見ていませんが、そう聞いています」

その罠で何があったのか、私が、道総研の近藤麻実に聞くことができたのは、ずっと後のことだった。その時点ではっきりしたのは、映像が撮られた八月一三日には、すでにヒグマは罠を見抜いていたということだった。その日、ヒグマは決して箱罠に入ろうとせず、罠を揺さぶるなどして、外から餌をとろうとしていたことを宮澤は教えてくれた。

宮澤には、写真の元となる映像を開示してくれるよう頼んだ。だが、受け入れてもらうためには、時間が必要だった。ヒグマによる牛の被害がメディアで伝えられると、「ヒグマを殺すな」という批判のメールや電話が寄せられるからだった。「人間が自然を開発し、野生動物のテリトリーを侵食してきた。悪いのは人間であって、ヒグマは殺すべきではない。せめて麻酔銃で捕獲して、山奥に帰すべきだ」というのである。

とくに罠にまつわる情報には厳しい批判が寄せられていた。別のヒグマがかかる可能性があるため、「関係のないヒグマを巻き込むな」と叱責されるのだという。また、「捕獲方法を教えたい」と助言をくれる者からも連絡があった。犬を使えばいいという者もいれば、本州のハンターを呼べと言う者もいた。宮澤も、当初は藁にもすがるように耳を傾けてみたが、答えはどれも現実的ではなかった。あまりに広い被害範囲のなかで、どこに狙いを定めればよいのかすら、わからないのだ。ときには何時間にも及ぶ電話への対応が続くと、宮澤の精神的な疲労はとれなくなっていった。だから、本当はそっとしておいてほしいんです、と宮澤はこぼした。

酪農家たちと牧野

人間は、謎のヒグマを捕獲できるのか。

提案を書いた時点で、番組の筋立ては明確だった。だが、それだけでは物足りない気がした。あえていえば、それは東京で消費されるための、わかりやすすぎるストーリーに思えた。北海道に暮らしているからか、物語の筋に取材を収斂させて藤本たちに集中することは、効率的すぎるように感じられたのだ。

たとえば、取材に際し、番組を作って世の中に届けたいと考える理由を、私は「野生動物による被害の深刻さを伝える」と説明していた。そう話しながら、自分の言葉に白々しさがあった。被害の深刻さを、本当にわかっているのだろうか。被害を受けた人たちの声を聞いたのだろうか。そもそも、番組のストーリーを簡単に見定めたりすることなどできないのではないか。

捕獲の焦点となるヒグマの冬眠明けは、雪が消える二月中旬から三月。まだ一ヵ月の時間が残っていた。私は、有元に「計算しすぎずに、もっと現場で混乱しよう」と声をかけ、被害を受けた農家すべてを、手分けして訪ねる方針を立てた。

それには現実的な理由もあった。本当に被害の深刻さを伝えるなら、襲われ、殺された牛の有り様を、写真や映像で証拠立てることが不可欠だ。だが、五七頭の被害について、被害地区や頭数は公開されていたものの、誰のどんな牛が襲われたのか、詳細は明らかにされていなかった。標茶町役場は大量の被害写真を持っていたが、見せてほしいと頼むと、宮澤から は飼い主の了承が必要だと条件を伝えられた。

誰の牛がやられたのか、すぐにわかるわけではない。突破口となったのが、被害が集中する茶安別《ちゃんべつ》に住む本多耕平だった。

本多に会ったのは、二〇二二年の一月一七日。前日、標茶の歴史について詳しく知りたいと考えて郷土史家の橋本勲に会い、OSO18について調べていると話したところ、紹介されたのだった。一三歳のときにサハリンで終戦を迎え、引き揚げの末、標茶に落ち着いた八九歳の橋本は、かつて役場に勤めて農業を担当、一九六〇年代には町で最後の開拓係長を務め、多くの家族を支援していた。橋本の紹介といって本多に連絡をすると、すぐに時間をとってくれた。

ディレクターという仕事に就いて十数年が経つが、初めての地域を訪ね歩くのは、いまでも少し怖い。牧場は広く、母屋に辿りつくには、牛舎の横を通り抜けて敷地を歩かなければならない。気配に気付くと、牛たちは次々とこちらを見る。すると、穏やかなはずの乳牛でさえ、私に敵意を向けているように感じる。それまで、被害を受けた酪農家に電話をしたときに「忙しい」とすぐに切られてしまったり、「酪農家の皆さんは、取材を嫌がっていますから」と役場から言い含められたりしていたこともあり、本多の家を訪ねるときは、少々身構えていた。だが、実際に会った本多は、笑顔の絶えない好々爺だった。

本多には、酪農家の取材のイロハから教わった。たとえば、こんな会話があった。

「酪農家の家には、電話していい時間があるんだよ」

「いつなんですか？」

「あのね、酪農家は、一日二回、搾乳をするの。まず早朝四時くらいに起きて乳を搾って、餌を補充する。それが二〜三時間くらいかかって、七時半くらいに朝ご飯を食べる。そのあとは、牛舎を掃除したりして、お昼を食べて、少し横になる。だいたい一五時くらいには夕方の搾乳の準備が始まる。それが終わったら、夜ご飯を食べて、すぐに寝ちゃう人も多い。だから、一一時三〇分から一四時くらいに電話するといい。一番いいのはお昼のあと、一三時。搾乳の時間は絶対電話しちゃいけない」

本多のアドバイスは、その後の取材で絶大な効果を発揮した。ほとんどの酪農家が、本多のいうお昼過ぎに電話をかけると、落ち着いて話をしてくれた。かけるタイミングを理解していなかったから、すぐに電話を切られていたのだった。

本多の妻、八重子が、その朝、搾ったばかりのミルクを出してくれた。草の匂いが香り、それでいて、ほんのり甘い牛乳を飲みながら、取材は続いた。私は、本多が口にする「畑」という言葉をきいて、「野菜もつくってるんですか？」と尋ねるほど、何も知らなかった。

「違う、違う。我々は、牧草を育てる牧草地を『畑』と呼ぶんだよ」と本多は笑った。牧草を育てる「畑」と、牛を放す「放牧地」の区別さえ、私はついていなかった。

本多の家は父の代に標茶に入り、一頭の仔牛から酪農を始めた。農閑期である冬にだけ学校に通う季節定時制高校を出てから五八年、酪農家として生きてきた本多は、戦後、アメリカとの関係を深めた日本の食生活が様変わりし、日本人が牛乳を飲み、バターやチーズを日常的に食べるようになるまでの時代の移ろいを知る生き字引だった。

もともと、標茶の開拓が本格化した大正末期、本州から集団入植した人々が森を切り開いて試みたのは米や麦、豆だった。家畜として牛を飼う者はいたが、一頭、二頭のレベルで、多くは冷害に苦しみ、米作も畑作も諦めて去っていった。最大の理由は、夏の気温が上がらないことにあった。寒流である千島海流が太平洋岸を流れる影響で、気温は夏でも二〇度を超える程度。積算温度が足りず、米も野菜も成長しなかった。

酪農が盛んになったのは戦後、満州や樺太など外地からの引き揚げ者や、東北を中心に本州では土地を得られなかった者たちが「戦後開拓」に入ってからだった。一九五四年に「酪農振興法」が施行され、二年後、北海道庁は標茶町を含む根釧地域を「集約酪農地域」に指定する。それをきっかけに大規模な集乳施設が建設され、酪農が地域の基幹産業になっていった。北海道のなかでもとくに厳しい環境に適した唯一ともいえる産業が酪農だった。

本多は、猟友会に所属するハンターでもあった。自身の牛は被害に遭ってはいなかったが、茶安別で襲撃が起きると必ず連絡が入るため、ほぼすべての情報を把握していた。OSO18の被害が集中していた「牧野《ぼくや》」について教えてくれたのも本多だった。

「牧野」とは、春から秋にかけての放牧地を意味する。地域の酪農家たちが共同で管理し、まだミルクを出さない妊娠前の牛や、子牛などを放牧する。牛舎で世話をする手間を減らすためだ。春から秋は放牧地で草を食めば、十分に育つ。家族経営の酪農家が多い標茶で、牛の世話をする負担を少しでも減らすための知恵の賜だった。

「OSO18には、牧野の牛が襲われているんだけど、我々みたいな家族経営の酪農家にとって、牧野は欠かせない場所だったんだよ。だけど、牧野は、昔と変わってしまった」

変化のきっかけは、少しずつ、だが着実に進んできた酪農の大規模化だった。本多が高校を出た一九六一年には、標茶で一〇〇〇軒はいた酪農家は、二〇〇〇軒を切っていた。最初は、ほとんど横並びに、家族ごとに始めた酪農経営も、一頭の牛が出すミルクの量や、投資の成否によって次第に差が生まれた。経営が苦しくなった農家が離農して土地を手放し、その土地を裕福な酪農家が手に入れる。経営拡大に成功した酪農家は、大規模な牛舎を建てて、そのなかで一年中、牛を飼うことが多く、放牧する農家は激減した。結果、管理が手薄な牧野が出てきたのだと本多は言った。

「昔だったら、どの牧野にもたくさん牛が入って、誰か彼かが毎日見に行ってたけど、そういうこまめな管理ができない場所が出てきてしまった。ＯＳＯ18にとってみれば、いくらでも襲いたい放題だな」

本多の住む茶安別では、酪農が普及する以前、ほとんどの家が炭焼きで生計を立てていたという。炭焼きとは、ナラやブナの木を燃やして燃料となる木炭をつくる仕事で、木炭は、火鉢や囲炉裏、炬燵《こたつ》などの燃料として欠かせなかった。だが、電気やガスが普及する一九六〇年代に使用されなくなり、多くの家が酪農業に乗り出した。そうして細々と始まった酪農業を維持するために、地域で守ってきた「牧野」が、数十年の時を経てヒグマの格好の餌食になっていた。

怯え

有元と手分けして、被害にあった酪農家を特定していった。襲われた牛は五七頭だったが、複数が被害にあった酪農家もいて、全部で二九軒だった。そのうち取材を断られた三軒以外の二六軒の方に会い、詳細を確かめ、写真の提供承諾書にサインをもらっていった。襲われた牛に特定の傾向はない。妊娠牛もいれば、生後半年くらいの子牛もいた。全五七頭のうち、乳牛は四五頭で、一二頭は肉牛だった。

酪農家たち自身が撮った写真や、承諾を得て役場から提供された写真は、三〇〇枚にのぼった。斃れた牛は腹を裂かれ、内臓がかきだされている。傷つけられただけの牛は、背中に爪痕だけが赤く滲んでいる。とても直視できない写真も数多くあった。

襲われた具体的な地点を特定すると、国土地理院の白地図に落とし込んでいった。大半が「牧野」で被害にあっていたが、例外もあって、伊東公徳の牛は、自宅からほど近い沢で襲われていた。父の代に福島からやってきた伊東は、三〇頭あまりの牛を飼う小規模経営の酪農家で、朝夕の乳搾りと餌やり以外のほとんどの時間、自宅のそばにある小さな放牧地に牛を出していた。

一頭の牛が帰ってこないことに伊東が気付いたのは、二〇二一年八月四日の夕方のことである。伊東は付近を探してみたが、日没までに見つからなかった。そこで翌朝、改めて妻と一緒に探しにいったところ、傾斜のある放牧地をおりていった沢のそばで、被害牛を発見した。すでに牛は、バラバラになっていた。

それから半年が経過しても、伊東は怯えを隠さなかった。辺りが薄暗くなる夕方以降は、放牧地へ近づこうともしなかった。無理もなかった。伊東が暮らす自宅から、沢までは三〇〇mほどしか離れていない。牛だけを襲い、人は襲わずにきたOSO18だが、急に人間に出くわすと、ほかのヒグマ同様、何をするかわからない。

初めて伊東に会った頃、沢は凍り、雪に覆われていた。伊東によれば、雪の下にはまだ前年の夏に殺された牛の死骸があるはずだという。ＯＳＯ18が再来することを期待して、残したままにしていたからだった。雪が解けると、死骸を片付けるために見に行かなければならないと言う伊東に、私は、その様子を撮影させてほしいと頼んだ。伊東は、俺もひとりでは行きたくないから、といって了承してくれた。

伊東には娘が二人いるが、すでに標茶を出て、跡継ぎはいない。ここ数年、乳価は低迷し、経営状況は芳しくない。そのさなかにＯＳＯ18による被害が起きた。姿を見せないヒグマは、伊東に、「もうやめようかなと思ってるんだ。いまなら、まだ牛も高く買ってもらえるかもしれないから」と、弱気な言葉を吐かせていた。

しばらくして、牛の死骸を見に行く日、伊東は、「沢まで行くのは、あいつに襲われてから初めてなんだ」と口にした。雪が解け始めて淡い緑が顔をのぞかせた放牧地を歩き、起伏をおりて行くと、眼下の沢のそばに、バラバラになった骨が見えた。土や落ち葉の焦げ茶に、骨の白が鮮やかに浮かんでいた。

伊東は、「骨、残ってる」とつぶやいて、白骨を見おろしながらしばし立ち尽くし、そして、こう言った。

「これだけの被害を与えているクマだから、どこかで捕まるだろうと考えていたんですけど、こうやって捕まっていないのが、本当に不思議議です」

初めて見る、明らかな殺戮の痕跡に、私も呆然としていた。おそるおそる、雪解け水が流れる沢に近づくと、残っているのは骨だけではないことに気付いた。白骨のまわりには、殺された牛の毛や皮の切れ端がそのまま散らばっていた。

共感

行く手を横なぐりに細かい雪が吹き付け、地吹雪が舞う。ハイビームにしても、目の前の道さえ雪に覆われて見えなくなると、収まるまで車を停めて待つしかない。

一年で最も冷え込む極寒の時期を迎え、酪農家たちの家を訪ねる毎日が続いた。標茶は大雪が積もる土地ではないが、真冬には気温が氷点下二〇度に達する。経度が東に位置するゆえに日暮れは早く、午後四時をまわると、辺りはすぐに闇に包まれた。街灯などなかった。

牛を襲われてきた農家たちを訪ね歩き、「捕まりますかね」と訊くと、たいていは、半ば諦めたように、「無理じゃねえか。あいつは賢いからな」と言う。半数の牛が、殺されず、傷つけられているだけだったことから、「襲うことが楽しいんだよ。猟奇犯だ」と笑う者もいた。「OSOは雨の日に襲うんだよ。足音や気配が雨で消えるって、わかってるんだ」ときいて、気象台の記録を調べてみたが、必ずしも犯行は雨の日ばかりではなかった。三年にわたって牛を襲われ続けているのに、姿さえ捉えられない現実を、笑ってやり過ごすしかないのだと思った。

なかには一切の笑みをもらすことなく、厳しい相貌を崩さなかった者もいて、大規模ファーム「めぐみ」の社長である大和田仁はそのひとりだった。「めぐみ」は、四軒の酪農家が一緒になってつくった標茶でトップクラスの酪農ファームだった。子牛をあわせると飼育頭数は九〇〇頭以上になる。規模拡大による効率化が至上命題となるなか、個々の農家がバラバラでやっていては共倒れになると考えてつくったものだった。OSO18による被害は、二〇二〇年に襲われた二頭がともに死亡、二〇二一年に襲われた二頭は、発見時にはまだ生きていたが、獣医が三日間、抗生剤を打ち続けても高熱が下がらず、処分したという。公式の記録では負傷でも、生き延びられなかった牛がいたことは、大和田に会って初めて知った。

祖先は福島で戊辰戦争の二本松少年隊にいたという大和田の家は、一九二八年、祖父の代に標茶へ渡ってきた。米どころからやってきた祖父は、新天地でも米を試したが挫折し、畑も諦め、最後に酪農に辿りついた。二代目の父の跡を継いだときに二〇頭だった牛を倍の四〇頭にまで増やしたところ、株式会社をつくる話が持ち上がり、周囲に推されて社長になった大和田は、いま、四つの家族と従業員の生活を背負っていた。

「去年は放牧を始めてすぐに二頭やられたから、全部引き揚げた。虚しいよ、青々とした放牧地が空っぽなのは。牛舎で飼うと飼料代も燃料代も余計にかかって、三〇〇〇万円くらい影響が出てる。納得できないのは保険だ。死んだ牛に対してはきくんだけど、ケガをして処分した牛には出ないんだ。どうせなら、いっそ殺してほしい。襲うことを楽しんでるなんて、たまったもんじゃない」

「できる対策はあるんでしょうか？」

「電気柵をひけばいいじゃないか、と言う人もいるんだけど、放牧地の大きさを見たら、そんなの無理だってわかるはずだ。柵をつくるだけで億はかかるし、草が伸びてしまうと電気が通らなくなって役に立たない。草刈りの労力だってバカにならない」

私は、ＯＳＯ18のＤＮＡを分析してきた道総研の釣賀一二三からきいた話を大和田に尋ねてみた。被害の背景に、ヒグマが好む「デントコーン」と呼ばれる飼料用トウモロコシがあるのではないかとの見立てだった。

「わからないな。確かに、九月の終わりになると、ヒグマが食べに来ているけど」

秋に実るデントコーンとは、牛の餌となるトウモロコシのことである。牧草だけを食べる放牧牛が出すミルクは一年で四〇〇〇kgほどなのに対し、栄養価の高いデントコーンを与えると、乳量は飛躍的にのびる。八〇〇〇kgはざらで、なかには二万kgを出すスーパー乳牛と呼ばれる牛もいる。乳量が多いほど収入は増えるため、ほとんどの酪農家がデントコーンを使っていた。かつては輸入に頼っていたが、中国などでの需要が増大し世界的に価格が高騰したことで、いまでは自分たちでも栽培するようになっていた。この一〇年あまりで品種改良が進み、気温の低い道東でも安定した収量が確保できるようになっていた。

「めぐみ」のような大きなファームは、牧草地から転換した広大なデントコーン畑を抱えている。森の奥にいたヒグマがデントコーンを求めて牧場近辺に出没するようになったことで、牛との距離が近くなって、被害が起きたのではないか。そう訊いた私の質問は、ヒグマをおびきよせてしまったのは必然だったのではないかと、暗に問うものだった。

しばし沈黙したのち、大和田は、肯定も否定もせず、話し始めた。その言葉に、私は不意をつかれた。

「ここはもともとクマがいたところだから。人間が開発して、クマを追いやってきたんだ。だから、クマが出てくることは少しも不思議じゃない。あいつも大人しくどこか山へ帰ってくれたら、それでいいんだ。あいつだって、生きてるんだから」

大和田が言うように、およそ二〇万年前に北海道に到達したとみられるヒグマは、いまは標茶と名付けられたこの土地が原生林で覆われていた太古から、人間よりずっと長く棲み続けてきた。先住者アイヌのコタン（集落）の跡には、人々がヒグマを「カムイ」＝「神」と崇拝し、「熊送り」の儀式を行っていた痕跡が残っていた。

大和田は、標茶や厚岸の役場に「クマを殺すな」と電話をかけてくる保護団体の人間とは違っていた。被害を止めるためなら、最後は手段を問わないと考えていたからだった。動物の命を守る正義よりも、人間の暮らしを大和田は選んだ。だが、「これだけ被害が出ているのだから、殺すしかない」とも考えていなかった。週刊誌は理想を掲げる保護団体を揶揄し、ネットには嫌悪する声が溢れていたが、大和田は、ＯＳＯ18でさえ、殺すことを望んでいなかった。人間の開拓がヒグマの生きる場所を奪ってきた事実から目をそらさず、あり得べき最良の選択肢をただ願っていた。

あいつだって、生きている。その言葉の根底にあるのは、厳しい自然のなかで、隣り合って生きる者としての共感ではないかと思えた。私でさえ、標茶にしばらくいると、札幌や東京の人々がずっと遠くに感じられ、すぐ近くにいるOSO18の存在感のほうが確かになる。ひょっとしたら、大和田は自然もヒグマもコントロールすることはできず、思うようには捕獲できないと考えていただけかもしれない。だが、私は、大和田がヒグマに親しみすら感じているように思えて仕方なかった。

ヒグマという存在

酪農家たちへの取材の合間、有元と競い合うように、ヒグマに関する本を片っ端から読んでいった。面白いと思ったものは、互いに教え合った。もっとも、とても読み切れたとは言えないほど、ヒグマにまつわる書籍は想像以上にあった。人間とヒグマの関係は想像よりずっと深く、日本だけのものでもなかった。

たとえば、ヒグマは北欧や北米でも盛んに研究され、ワシントン大学やビクトリア大学は、川でサケを獲ったヒグマが森に運んで食べ、その食べかすに含まれる窒素やリンが養分となって木々を茂らせ、森を豊かにすることまで明らかにしていた。東欧のノンフィクションは、ロマの伝統芸として踊りを仕込まれたヒグマが、解放されたあとにもたらされた自由にとまどう様子を、冷戦終結後の自由市場経済になじめない人々と重ねていた。

北海道において、人間とヒグマは軋轢《あつれき》を繰り返してきた。江戸時代の一七三九（元文四）年に記された『北海随筆』には、すでに、次の記述がある。

「蝦夷の熊は餘国にこれ無き大熊にて、荒れたる時は人に向ふ。其強力敵すべからず。松前にても度々里へ出て馬を取るゆへ、鉄砲にて打留れども、打所あしき時は、三玉、四玉にてもとまらず。とまらぬ時は打ちたる者必ず害せらる。それ故鉄砲打つ者もなく、ますます横行する事有」

さらに、一七八八（天明八）年に記された『東遊雑記』では、次のように記されている。

「山の頂きより八方を見るに、大樹茂りし深山連りて、所どころにかの羆《ひぐま》にとられし人の追善に建てし大なる卒都婆あり」

「世に鬼住国と称せるはかかる地のことなるべし」

明治に始まった北海道の開拓は、まさに卒塔婆を増やす「鬼」との悲惨な闘いで、吉村昭が『羆嵐』の題材にした一九一五（大正四）年の三毛別《さんけべつ》羆事件では、一頭のオスのヒグマが開拓集落を襲い、七名を殺し、三名を負傷させた。一九二三年の沼田事件では、村祭り帰りの人々が襲われ、四人が死亡、三人が負傷した。共同墓地に土葬された死体をヒグマが掘り返して食べる事件もあった。

にもかかわらず、ヒグマは異様な魅力を放っていた。

三毛別羆事件などヒグマにまつわる陰惨な事件を扱うウィキペディアのページに詳しすぎるディテールが書き込まれ、高いページビューを誇るのは見たい者がいるからだ。不謹慎を承知で言えば、私自身もヒグマが人を襲うニュースが伝えられると、その場面を想像せずにはいられなかった。

森で出会い頭に至近距離でヒグマに遭遇する。安全な日常が宙吊りになり、我が身ひとつになって獣と向き合う。言葉も祈りも通じず、次の瞬間にやられる恐怖と無力さを思い描くと、普段は馴らされている無意識が起き上がるように感じた。

しかし、日常において、クマは、くまのプーさんやテディベアのように、愛くるしいイメージをふりまいている。そして、かつては、何よりも崇拝の対象だった。アジアやヨーロッパ、アメリカの先住民が行っていたクマに関する儀式には、ひとつの共通点があると文化人類学者は指摘していた。豊かな森の王者として尊敬されていたことである。ヨーロッパにおいては、ヒグマは百獣の王として崇拝され、戦士はヒグマに自らをなぞらえる儀式を行っていた。

恐怖を与え、愛くるしさを放ち、崇拝の対象となる生き物、ヒグマ。

思えば、かつて人類進化をテーマにした番組を制作した際に撮影に行ったフランス・ショーヴェ洞窟の三万六〇〇〇年前の壁画にも、ヒグマの近縁である絶滅したホラアナグマが描かれていた。農耕の始まりよりも、文字の誕生よりもずっと前から隣り合って生きながら、なお得体の知れない、その汲めど尽きせぬ途方もなさに、人間は惹かれるのかもしれなかった。

ずっと後に、一度だけ、こうした話を藤本にしたことがある。答えは簡潔だった。

「わからないから、じゃねえか。謎があるんだよ、ヒグマには。俺たちだって、まだわかんねえことだらけだもん。ＯＳＯ18なんて、とくにわけわかんねえやつだったんだから」

撃てないハンターたち

二月に入り、捕獲の山場が近づいていた。ハンターたちへの取材は二正面作戦をとっていた。ハンターには縄張り意識のようなものがあって、標茶の猟友会のなかには、標津から来る藤本たちが主役となりつつあることを、歓迎しない者がいた。藤本や赤石の取材は有元に任せ、私は後藤勲をはじめとした、標茶のハンターを受け持つことにした。ヒグマを捕獲する可能性が高いのは藤本たちだとわかっていたが、拠点となる標津からは距離があり、地元の力も欠かせなかった。

最初に会ったとき、「俺が獲ったら、剝製にして役場に飾ってやるよ」と豪語した後藤のことだ。作戦があるだろうと思ったし、被害が起きるたび現場に急行してきた後藤の親分肌な性格に、期待もしていた。

理由があった。かつて後藤が、ＮＨＫに出演していたときの映像だ。二〇〇三年の秋に放送された昼の生中継番組には、後藤が家族だけの運動会を楽しむ様子が記録されていた。「大玉ころがし」ならぬ「牧草ロール転がし」や「水のバケツ運び」など、酪農の町ならではのオリジナル競技に後藤たちは興じていた。この手づくり運動会は、標茶を出た一族の者たちが少しでも帰ってきてくれるよう、後藤が始めたものだった。都会に出た若者が家族をつくり、子どもを連れて里帰りして、大いにからだを動かす。その様子を開拓に入った標茶で生きてきた後藤の母ら年輩者が見守る。歴史が短く、地域の伝統的な風習が濃いとは言えない北海道で、家族のつながりを維持しようとする様を見て、この人は地域を守るためならば、何でもするだろうと思ったのだった。

だが、それから二〇年近くが経っていた。後藤に訊くと、「家族運動会」はもうないという。都会に出た者は代替わりして、いつしか疎遠になり、里帰りする者自体が減った。映像では元気だった後藤の母らは、すでに町をみおろす墓に入っていた。

　時間の経過は、後藤自身にも訪れていた。冬眠明けの時期に、後藤の足跡探しに同行したが、車から森を眺めるだけで、雪道に分け入ろうとしない。足跡が見つからなかったのかもしれない、と最初は思った。だが、何度通っても、後藤は車の外に出ない。そうしたある日、ようやく森に入ろうと歩く後藤の姿を見て、足が想像以上に悪く、ヒグマの追跡など到底できそうにないことをはっきりと理解した。優しい後藤は、撮影を頼んだ私のために、見回りをしてくれているようにさえ思えた。町を守り続けてきた後藤は、「自分にはもう無理だ」と言えなかったのだった。


　後藤たち、標茶のハンターがヒグマを追跡して撃てないのは、本人たちのせいだとは言えなかった。

　かつて、ハンターたちがヒグマを追ったのは、スリルだけではない果実があったからだ。肉はタンパク源として好まれ、毛皮は飾り物になった。「熊の胆《い》」は薬として珍重されて、行商に来る富山の薬売りに高額で売れた。きわめて単純に、狩猟は儲かった。

　だが、食品流通は大きく変化し、北海道ではヒグマ、本州ではキジや野ウサギを仕留めては食べていた、日本各地の豊かな食肉文化は次第に消え、安全に管理された牛、豚、鶏の肉をスーパーで買うことに人々は慣れ、野生動物を食することから遠ざかった。薬事法も改正され、熊の胆の取引は禁止され、闇にもぐることになった。銃や弾の管理も厳しさを増した。

後藤の二人の息子が札幌や東京に出ていったように、若者たちは都会へ出たまま帰ってこず、地元にはハンターのなり手も少なくなった。最後の決定打となったのが、「春グマ駆除」の廃止だった。

「春グマ駆除」とは、春の残雪期のヒグマ捕獲のことを指す。冬眠明けで、まだ十分に栄養状態が回復していないヒグマが雪の上に残す足跡を追って、ハンターたちが仕留めるもので、ヒグマによる被害が相次いだ一九六〇年代に始まった。道庁や自治体は奨励金を出し、捕獲を奨励。ハンターたちは奥山に分け入って、ヒグマを次々と獲った。効果は抜群で、ヒグマの生息頭数は激減し、やがて絶滅が危惧されるまでになった。だが、二〇世紀後半、生物多様性の維持を掲げる国際的な野生動物保護団体が「春グマ駆除」を非難。それを受け、北海道庁は一九九〇年に「春グマ駆除」を廃止した。害獣とされたヒグマは、生物多様性の象徴となり、保護へと政策は転換。ヒグマの生息数は急速に回復していくことになった。

それから三〇年あまりが経過し、ヒグマをとりまく環境は再び激変していた。二〇二一年度、ヒグマによる人身事故は、統計を取り始めた一九六二年以来、過去最多の九件。一四人が襲われ、四人が殺されていた。一時は絶滅が危惧されるまで減っていたヒグマは明らかに増え、密度が高まり多くの個体が人里へ現れた。その果てに現れた特異な個体がＯＳＯ18だった。

だが、最もヒグマを撃ちやすい時期に、撃つことを禁じられてきたハンターたちのあいだでは、すでに技術の伝承は途絶えていた。残されたのが、ヒグマを撃てないハンターたちだったのだ。


人間が生物多様性の象徴を仮託したとしても、ヒグマは、獣だ。その牙が人間や家畜に向けられたとき、撃てなくなったハンターに残された手段は罠しかなかった。だが、すでにOSO18は、罠を見抜いている。警戒心が強く、迂闊に人前に姿を現さない。捕らえる術は、なかった。

すべてのことが、混沌とした自然から、人間が撤退している事実を指し示していた。安全に管理された環境に慣れてしまったこの社会は、コントロールすることなどできない自然を前に、立ち向かう力を自ら失っていったのかもしれなかった。

同じような状況は、標茶だけでなく、全道各地で起きていた。だから、不思議なのは、ヒグマを撃てなくなった後藤たちではなかった。これだけ大きく社会が変化しているにもかかわらず、ヒグマを撃つ技術を保ち続けてきた赤石たちのほうが、むしろずっと不思議だったのだ。

第五章

縄張り

一八cmの雪上の足跡

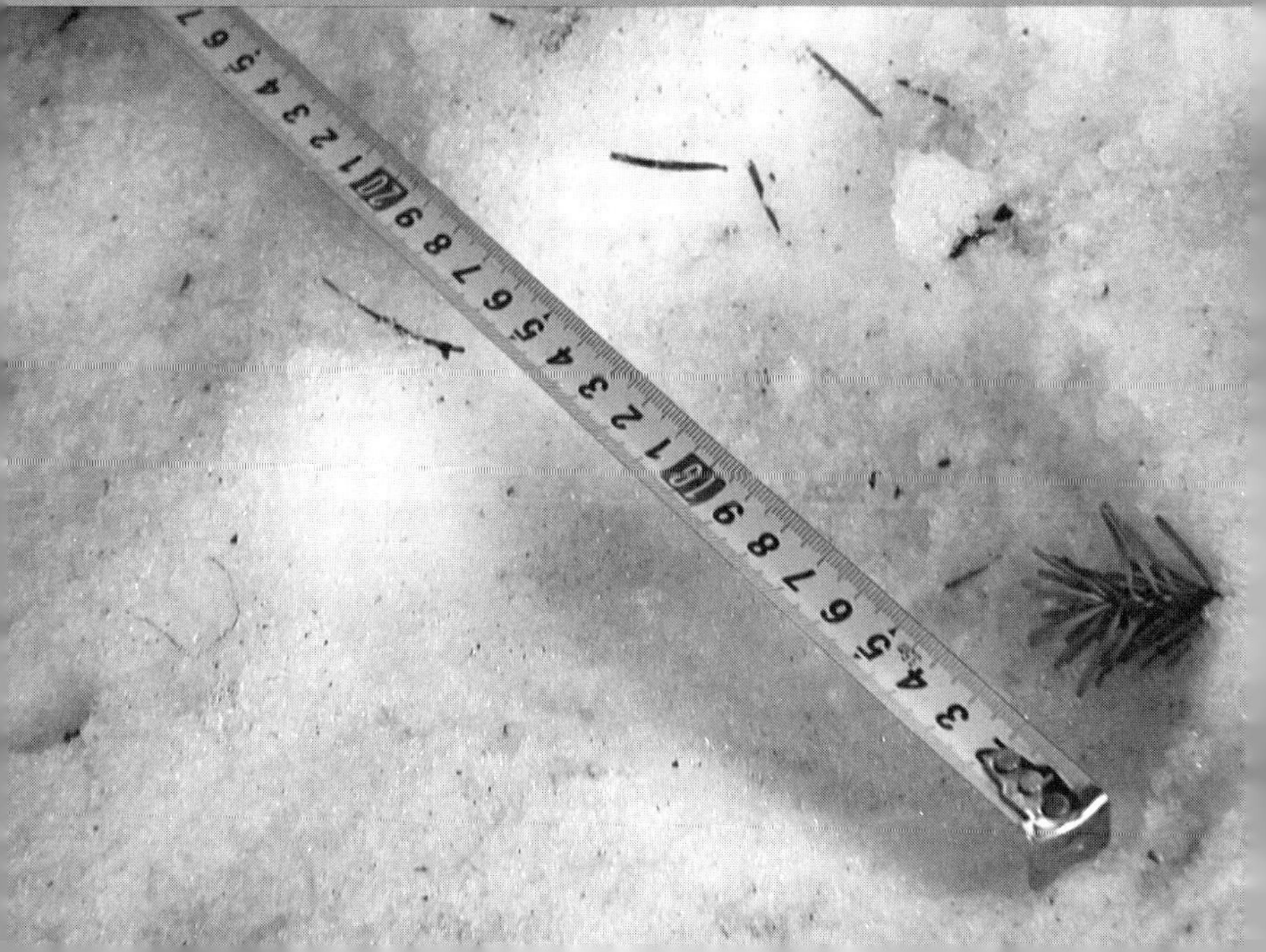

絶滅危惧種［有元］

「何でも撃てるよ。象でも倒すぞ」

そう言いながら赤石正男が取り出したのは、通称「375（サン・ナナ・ゴ）」と呼ばれるライフルだった。シカに用いるものよりも口径が大きく、爆発的な威力を持つ。ヒグマを撃つときだけ、赤石はこのライフルを持ち出すのだという。

ＯＳＯ18との対峙に備え、射撃場で銃の調整を行うというため、一度、ついていかせてもらった。

赤石が手にしているサン・ナナ・ゴは、焦げ茶色の機関部、銀色に光る鋼鉄の銃身、黒光りするスコープで構成されていた。それぞれのパーツを別々で仕入れ、独自に組み合わせて使っているという。弾も、薬莢、火薬、弾頭とそれぞれ最適なものを買いそろえ、長年の研究で編み出した量の火薬を量り、自ら作っている。安易に真似されないため、その様子だけは、誰にも見せない。なかでも、薬莢はわずかな形状の違いで、命中精度とエネルギーが大きく変わるため、ライフル弾道学の専門家と組み、自分専用のものを開発してきた。

一〇〇m先にある的に向けて弾を放った。中心点から二cmほど上の位置を貫いた。最後に調整した秋の段階と同じ照準で狙いを定めても、わずかにずれてしまうようだ。気温や湿度が変われば、火薬の燃焼率も変わる。だから赤石は、狩猟歴半世紀を迎えたいまも、定期的に射撃場でテストを繰り返し、ヒグマと対峙する瞬間に備えているのだ。


少しずつ狙いをずらしながら、五発目で中心点を貫いた。

この日、サン・ナナ・ゴの調整は、わずかそれだけで終わった。

「ばっちり。目玉でも撃てるよ」

かつて、八一〇m先のヒグマを仕留めたこともあった。全速力で走るヒグマに、一二発放ち、うち一一発を命中させたという。

赤石のようなハンターは、北海道中を探しても、めったにいなかった。

赤石は標津町古多糠《こたぬか》に生まれた。その地で親は酪農を営んでいたが、仕事は継がなかった。二〇代から定年前まで、建設会社で重機のオペレーターとして勤めた。北海道の建設業者は、冬の間は雪により作業ができないため、多くは失業状態となる。いわば季節労働者だ。だから、冬の間はたっぷりと時間がある。その期間、赤石はひたすら山にこもり、狩猟に時間を費やした。銃と最低限の食料だけを持ち、家に帰らず、何日間も連続でヒグマの足跡を追った。その膨大な時間を通して、ヒグマの追い方を体得していったのだ。

一度も結婚したことはなく、生涯独身を貫いてきた。そんな赤石の生き様について、メンバーの松田は「灯りのついた家に帰ることよりも、山に行くことを選んだ人生」と表現する。

「男の理想だよね。ひとつのことに熱中して、とことん極める。普通の人だったらできないでしょ？　だから、そんな赤さんにみんな憧れて、こうして人が集まってくるんだよ」

赤石が銃を持ち、ヒグマを追うようになったのは、幼い折の体験に由来していた。

一九六二年、一〇歳のときのことである。家で飼っていた綿羊がヒグマに食い殺されたのだ。

「羊が捕られてしまって、なくなったっちゅう。襲われて、きれいに引っ張って持ってかれて、やぶの中ですっかり食われてなくなった。もう発見したときは皮だけだね。あと何もない。全部食われてた」

この年は、十勝岳の大噴火を原因として、町中でヒグマが大量出没した。噴煙が東へ流れ、赤石が住む標津町では火山灰が森に降り注いだ。ヒグマの主食である木の実や山菜が手に入らなくなり、餌不足に陥ったヒグマは、町の牧場に現れ、家畜に牙を向けた。その数は、町内で二六頭にのぼった。退治に向かったハンターは返り討ちにあい、二人が死亡した。

事態は自衛隊第五師団が派遣されるまでに発展し、のちに「標津ヒグマ戦争」と呼ばれることになる。「M16」と呼ばれる戦車まで派遣された。

「ヒグマが次から次に現れてくるから。それは大変だったんでね。また捕れる人もいなかったから、その頃。あちこちから応援来て。自衛隊さんが来て、三回ぐらい自衛隊車両に乗ったかな、学校まで送り迎え」

少年時代のこの出来事は赤石に、ヒグマに対する異常なまでの執念を植え付けることとなった。

このとき、自衛隊員向けに作成された資料の中に、当時、ヒグマがどのように捉えられていたのかを示す文章がある。

「開拓既に百年になんなんとし、この間執拗に人間に抵抗して来たこの猛獣が、いまだに跋扈《ばっこ》していることは不思議なことで、文化国の名に恥じる。北海道の熊は文化の敵、人類の敵である」『熊百訓』。

これは、当時のヒグマ生態学の第一人者が記した文章である。ヒグマは「根絶すべき対象」とされ、春グマ駆除制度が開始されたのだ。

赤石は、こうした環境で育った。二〇歳で銃を手にするや否や、最初の年からヒグマを捕った。春グマ駆除制度のもと、多いときには一ヵ月で一三頭のヒグマを捕獲する。町には、ヒグマをどのように追えばよいか、教えてくれる先輩たちもいた。赤石は、年上のハンターたちにいつも勢子をやらされ、ヒグマの習性を自然に覚えていったと語る。

だが、一九九〇年に制度が廃止されてから、ヒグマの追跡を続けるハンターはほとんどいなくなった。

「春グマ駆除がなくなってからずっと捕ってないから、だんだん人間を恐れないクマが増えてきてるんじゃないかな。大変だよ、これからが。昔と全然違うから。若い人はなかなかやる人もいないし覚えるったら大変だね。相当好きな人じゃなかったらできないんじゃない。俺がやめた頃には大変なことになってると思うよ。もう捕る人がいない」

いつしか、赤石のようにヒグマを追い続ける者のほうこそ、絶滅危惧種となっていた。

不穏な予兆

二〇二二年三月。日増しに気温が上がり、雪解けが進んでいた。北海道の各地で、冬眠明けのヒグマが出没したことを伝えるニュースが少しずつ出始めていた。

藤本には、ＯＳＯ18の捜索を始めたら教えて欲しいと頼んでいた。しかし、ユゾシカの巻き狩りについていってからというもの、もう二ヵ月近く連絡がなかった。

ときを同じくして、標茶町で取材に回っている際、聞いた噂があった。藤本が率いるＮＰＯ法人南知床・ヒグマ情報センターが北海道釧路総合振興局から、ＯＳＯ18の捕獲依頼を正式に受け、動き始めたというのだ。その名も「ＯＳＯ18特別対策班」というらしい。

時折藤本に電話をして、いつから動き出しそうか尋ねるが、「まだまだ動かねえから、焦るな」と言われ、そそくさと電話を切られる。地域住民を取材していたとき、「ＯＳＯ18特別対策班」と掲げた車が走っているという話も聞いた。藤本は内密に捜索を進めているようだった。

最初、取材に行った日、藤本が口にしていたことが、ふと頭をよぎる。

「ＯＳＯ18が捕まらない問題の本質は、人間の縄張り意識。俺らが何かしようとすると、地元の〝やっかみ〟がひどいんだわ」

同じ道東とはいえ、藤本たちが本拠地とする標津町から標茶町の現場までは、一〇〇㎞近く離れている。町を越境してヒグマを捕りに行こうとすると、地元猟友会のハンターたちから、追い返されることもあった。二〇一五年、標茶町でヒグマに襲われて林業関係者が死亡した際、加害個体を捕獲しようと、仲間のひとりが標茶町の山に向かった。だが、現場で地元猟友会のハンターに「おれたちで捕まえるから帰ってくれ」と告げられたという。

このようなハンターの縄張り意識を、藤本は昔から身に沁みて感じてきた。だから道東各地に住む腕利きのハンターたちをＮＰＯに引き入れ、その壁を乗り越えようとしてきた。町を越境して獲物を仕留めにいくとき、地元猟友会のハンターとの窓口を果たしてもらうためである。しかし、メンバーの中に標茶町に住むハンターは未だひとりもいなかった。

藤本はこうも語っていた。

「ヒグマは人間が引いた町境なんて無視して移動していく。ヒグマは縄張りを持たないのに、それを捕まえようとする人間には縄張りがあるんだ」

今回は、北海道庁による正式な依頼があるものの、町を越境してヒグマを捕りに行くことに、何らかの難しさを感じているのかもしれない。カメラを持ったメディアの人間と行動をともにすることで、反感も買いかねない。〞やっかみ〟が、具体的にどのようなことを指しているのかはわからなかったが、藤本が意識的に私たちを遠ざけようとしている、ということだけは明らかだった。

私と山森はふたりで作戦を練り、ひとつの妥協策を思いついた。

現場には同行せず、我々は彼らの事務所の前で待機する。代わりに、ウェアラブル（装着）カメラを用意して藤本や赤石に装着してもらい、現場の様子を記録してもらう。捜索が終わり、事務所に戻ってきたところで、その日の経過をインタビューする、というものだった。

その方法で取材を了承してもらえないか、藤本にメールを送った。史上例にないヒグマを捕らえるまでの過程を映像で後世に残すことこそ、我々の仕事の存在意義である、という思いを添えて。

しかし、藤本から返信が届くことはなかった。


こうなれば、捜索の状況については別のルートで探るほかなかった。藤本たらをＯＳＯ18特別対策班に任命したことがわかった、北海道釧路総合振興局の井戸井毅である。

井戸井は、会ってはくれたものの、開口一番、「お話しできることはなにもないですよ」と言った。

ＯＳＯ18が全国的に報じられるようになって以降、町役場には駆除に対する抗議の電話が相次ぎ、標茶町役場の宮澤や厚岸町役場の職員は、その対応で精神をすり減らしてきた。井戸井は、そんな話をたびたび聞かされていた。彼らにこれ以上負担をかけないよう、なるべく目立たないように穏便に済ませたいと井戸井は考えているようだった。

ただ、彼が直面する難しさはそれだけではなかった。地元のハンターたちの中には、北海道庁が主導してＯＳＯ18特別対策班に捕獲を依頼することをよく思わない人たちもいる。藤本に協力の要請をしつつ、地元ハンターたちには、そのことを理解してもらえるよう日々説明して回ることも、本部長たる井戸井の仕事だった。

ＯＳＯ18を早く駆除するよう求める酪農家たちの声。ヒグマの駆除に抗議する動物愛護の声。特別対策班の結成をよく思わないハンターたちの声。井戸井は、いくつもの意見の板挟みにあっていた。

「そもそもいまＯＳＯ18がどこの森に潜んでいるのかさえ、わからないですもんね。だから、まずは足跡を見つけるしかないです。町役場や地元ハンターの人たちにも協力してもらいながら、足跡を探す〝目〟を増やそうと思っていて、私も行こうと思ってるんです」

残雪期は短く、雪が消えれば足跡は追えなくなる。限られた時間のなかで、少しでも多くの目で探したいと考えていたからだった。足跡探しについていかせていただけませんか、と半ば懇願するように頼んだところ、「私らでは何も見つけられないかもしれませんが、じゃあ、一緒に行きますか」と言ってくれた。

一八㎝の足跡

二〇二二年三月九日、山森が運転する車の助手席に、カメラを片手に乗り込んだ。

前を走る井戸井の車についていく。釧路市から国道四四号線に沿って、東へ四〇分ほど走り、厚岸町に入った。海沿いに広がる道有林が見えてきた。

車は林道へ入り、さらに奥へと突き進んでいく。道にはまだ雪が残っていて、車がガタガタと大きく揺れる。時折、車の裏を雪が擦って、ゴンと異音を立てる。

木々が林立した景色が延々と続く中、道の両側の森に、無数の足跡が残されているのが見えた。どれも細く小さいため、エゾシカの足跡のようだった。


井戸井が林道の途中で車を停めた。歩いていった先には、何台ものハイラックスが停車している。窓には、「ＯＳＯ18特別対策班」と貼られていた。

そこに藤本や赤石たちの姿があった。この日、藤本たちも足跡の捜索に出ており、井戸井に足跡の見つけ方を教えるため、ここまで呼び寄せたようだった。

「でか、でかい……」

藤本が指さした地表の足跡を見て、井戸井がつぶやいた。そこには、幅一八cmほどのヒグマの前足跡が残されていた。大型のヒグマのものとみられる。林道の左側から右側へ横断する足跡だった。

こちらの存在に気付き、藤本は何も言わずに、笑みを浮かべた。「まだまだ動かねえから」と伝えていた相手に、捜索しているところを見つかった照れと、こんな山奥までよく来たなという呆れが、混じっているような笑みだった。

藤本はこの一ヵ月間、ＯＳＯ18が潜んでいるであろう森をいくつかの候補に絞り、重点的に捜索を進めていた。まず目をつけていたのが、この厚岸町南部にある道有林だった。

この日見つかった一八㎝の足跡の状態から、前日に残されたものだと赤石は分析した。

「これがＯＳＯ18だっていう可能性もあるんですか？」

「うんかなり候補だね、こんなでかいやつそうそういないから」

酪農家にしてハンターの松田も口を開いた。

「もしＯＳＯ18が大きい、というのが本当だったら、十分可能性はある」

赤石もそれに同調する。

「捕ってみないうちは、わからねえな。ただ、もう一日足跡の発見が遅れているから、追いつけないいな。全然止まらないで歩いていくでしょ」

ヒグマは一日に数十㎞を移動することもある。足跡を追跡するには、その日のうちに残された真新しい足跡を発見しなければ、人間の足では追いつけないのだという。足跡は森の北側にある禁猟区、別寒辺牛《べかんべうし》湿原のほうへと消えていた。追跡するのは困難だった。

藤本は言った。

「今やってることは、砂漠のなかに落とした針を拾うような作業。幽霊みたいなクマをずっと追いかけてるわけだから。果たしてそれがどこにいるんだっていう、本当にスタート中のスタートのことをいまやってるからね。だから、この先どうなるかは、ちょっと読めないね」

被害が出ている標茶町と厚岸町の面積を合計すると、東京二三区の三倍の広さに及ぶ。その中から潜んでいる場所を絞り込んでいくのは、途方もない時間を要するものだった。

ＯＳＯ18はこの付近にいる可能性が高い。どうにかその捕獲に向かう様子を撮影させてほしい。だが、そう頼む隙も与えてくれないまま、藤本たちはすぐに現場を去った。危険きわまりないヒグマ捕獲の撮影をする資格は、お前たちにはない、と無言のうちに伝えられているようだった。

藤本たちの捜索の様子を撮影できたのは、この日が初めてだった。再び足跡が見つかれば、彼らはすぐに追跡を開始し、捕獲態勢に移るだろう。あわよくば、それがＯＳＯ18の最期の瞬間となるかもしれない。

三月中、私は藤本の事務所から徒歩二分の宿にしばらく滞在し、朝と夕方、毎日顔を出すことにした。現場についていけなかったとしても、毎日、事務所に顔を出し、会話をすることで徐々に信頼してもらえるのではないかと考えたのだ。

藤本の愛用する赤いハイラックスが事務所の駐車場に停まっているかどうか。それが、事務所にいるか、現場に出ているかどうかの目印だった。様子を見に行く日々が続いたものの、すでに出発してしまった後だったり、夜まで帰ってこなかったりすることが多かった。どうやら連日、捜索に出ているようだ。しかし、時折タイミングが合って直接話すことができても、「捜索は行ってねえよ。焦るなって」と言われるばかりだった。

どん底［山森］

どんな取材や撮影にも、流れのようなものがある。うまくいっているときは、流れに任せていれば、忘れがたい場面に出会えるし、そうでないときは、何をやってもうまくいかない。もし、この「ＯＳＯ18」の取材に、すべてがうまくいかなかった「どん底」があるとしたら、一つの場面だ。そのときのことを、いまでもありありと思い出すことができる。

三月二一日の昼、私は撮影クルーとともに、釧路川のほとりに建つ食堂「あさひや」に向かっていた。この時期が撮影の山場だと言って、札幌放送局の上司や同僚に頼み込んで現場に出ていたものの、三月九日に一度、足跡捜索を撮影できただけで、実質的には何も撮れないまま、時間が過ぎていた。車を停めて店に入ろうとしたとき、見慣れた赤いハイラックスが駐車場に入ってくるのが見えた。運転席に藤本、助手席に赤石がいた。いまは捕獲の可能性が最も高い残雪期で、本来なら毎日藤本たちに同行取材をしたい。追跡はどこまですすんでいるのか、エリアは絞れているのか。この偶然をきっかけに訊いてみようとハイラックスに近寄った瞬間、運転席にいた藤本は私の姿を認めると、駐車場への前進をとめて、すぐにバックを始めた。そして、公道に戻ると、ハイラックスは去って行った。あっという間の出来事だった。

昼食時、我々のクルーの空気は重かった。撮影の大髙俊之が、つとめて明るく、「あのバックはすごかったね」と笑ってくれるが、一番の取材先がこうでは、大髙に撮ってもらうものがなく、ディレクターとして立つ瀬がない。昼を食べたあとの午後の行き先さえ決められない。若い頃なら何も喉を通らなかっただろうなと思いながら、ラーメンを食べきれた自分は、年を重ねて鈍感になったけれど、取材力は何ひとつ上がっていないんだなという意味のない感慨が湧いた。

ほぼゲームセットだった。藤本たちの行動はつかめないが、足跡を見つけて、今日や明日にでもOSO18を仕留める可能性は十分にある。どれだけ酪農家をまわり、被害の詳細や家の歴史を聞かせてもらっても、研究者に学術的な見立てを教えてもらっても、肝心のOSO18の捕獲が撮れなければ、どうやって番組を作ればいいのか、見当がつかなかった。被害を受けて苦しみ、OSO18に怯える酪農家たちのことを思えば、早く捕獲されるのが一番だ。ただ、肝心の捕獲の様子が何も撮れていなければ、映像記録にはならない。藤本たちへの取材がうまくいっていないと有元から聞き、乗り出して何とかしようと考えていたが、状況は悪くなる一方だった。三ヵ月あまり一緒に取材をしてきた若い有元に、申し訳ない気持ちもあった。

実は、その五日前に、伏線があった。標茶町役場の宮澤のもとへ顔を出したところ、「NPOの藤本さんと、標茶の後藤さんたちが合同で足跡捜索をするんです」ときいた私は、その現場を取材させてもらえないかと頼んだ。地元で獣害対策を担ってきた後藤たちと、圧倒的なヒグマ捕獲の実力を持つ藤本たちが縄張り意識を越えて協力することに意義があると考えたからだった。宮澤は、両者が協力して捕獲に臨む様子を取材することに賛同してくれて、「藤本さんに頼んでみます」と言ってくれた。だが、数時間後に知った結果は惨憺たるものだった。宮澤からの電話で伝えられたのは、次の言葉だった。

「NHKが来るなら、合同の足跡捜索をやめると藤本さんは言ってます。だから、もう来ないでくれと伝えてほしい、と。ということで、取材はご遠慮ください」

捕獲の方針を立て、決定権を握っているのは藤本だった。藤本への取材が思うようにすすんでいないからといって、本人ではなく、宮澤を介して頼んだことに問題があったのは明白だった。

それでも私は、まだどこかで期待していた。足跡捜索や捕獲の現場の撮影はできないにしても、藤本たちに会えば、せめて状況くらいは教えてくれるのではないか。危険な捕獲に密着することは難しくても、日々の状況を教えてもらうことができれば、ドキュメントはかたちづくれるのではないか。

その淡い期待が、「あさひや」から去って行く赤いハイラックスによって完全に打ち砕かれた。それから数日、大髙には、得意のドローンで森の不穏さや不気味さを撮ってもらうよりほかはなく、何ひとつ核心になる場面の撮影はできないまま、札幌に帰ってもらうしかなかった。

有元と二人で道東に残り、「きょうは藤本さんたち、何してるかな」と言い合うだけの、無為な時間が過ぎていった。朝夕に藤本の事務所に顔を出しても、「この取材は終わりだ。サケとか、また別の取材で来てくれよ」と言われるようになった。ある夕方、藤本の車がないことに気付いたときには、どこかで捕獲作戦を実行しているのではないかと、道東の広野を赤いハイラックスを探して車で走り回った。すれ違う可能性などないことはわかっていたし、混乱していることも承知していたが、何もせずにはいられなかった。ガソリンの残量を見ながら何時間も走り回るあいだ、ずっと車に吹き付けていた吹雪が、不意に晴れたときの星空が美しかった。

三月も終わりに近づいた頃、私は有元と二人で標津を訪ねていた。すでに取材は拒否され、打つ手はなかったが、最後に足掻くことができないだろうかと考え、藤本へ手紙を書くことにしたのだった。藤本たちの活動がいかに人々にとって大切だと考えているか、時間をかけて記した。藤本の経営する自動車整備店の郵便受けに直接投函しようかと考えていたとき、近くのセブン-イレブンの駐車場で藤本にたまたま会い、そこで手紙を渡した。藤本は「いいよ、読まねえから」と言いながら、最後は受け取ってくれたが、手紙を助手席に置くときの無造作さから、可能性がまったくないことだけが伝わってきた。できることをやって無理ならしょうがないと言い聞かせてきたが、もうできることもなくなったと思った。

第六章 出現

二〇二二年七月一日、
この年初めてOSO18に襲われた牛

二〇二二年七月一日［山森］

早朝、札幌の自宅でまだ眠っていたところ、携帯電話が鳴った。ＯＳＯ18出現以来、高校生の娘が日課にしていたランニングをやめさせていると言っていた標茶の酪農家、西内正志だった。スマホの画面に表示されたその名を見た瞬間、電話の意味はわかった。

「山森さん、ＯＳＯが出たらしいよ。阿歴内《あれきない》だって」

「本当ですか？」

「うん、いま、噂がまわってきた」

「場所はわかりますか？」

「牧野といってたけど、東阿歴内か、北片無去《きたかたむさり》か、どっちかは、わからない。でも確実みたいだよ」

春の残雪期に捕獲は果たせていなかったが、時間が経過しても藤本たちの取材はできず、捕獲も番組も、展望は開けていなかった。だが、例年の被害が起きる六月下旬から七月上旬を迎え、有元は、被害現場に急行するために現地で張っていた。すぐに伝えなければならない。私は西内に礼を言って、電話を切り、有元へかけた。

「有元、ＯＳＯが出たらしいぞ」

「え？　僕、さっき藤本さんのところを訪ねたら、ちょうど出ていくところだったんですが、ちょっと用事が、としか言っていませんでしたけど」

「西内さんにきいたんだけど、間違いなさそうだ。現場に行ったんじゃないか」

「わかりました、追いかけてみます」

続いて、本多耕平からもＯＳＯ18が出たと連絡があった。今年もＯＳＯ18が出たという情報が、酪農家たちのあいだを瞬く間に広がっていた。ＯＳＯの出現から三度目の夏が始まっていた。

東阿歴内牧野［有元］

山森からの電話を受けたとき、私は、驚きを隠せなかった。三週間前、藤本が今年最初に被害が起き始めると予言していた場所が、まさしく阿歴内だったからだ。

遡ること三週間前、二〇二二年六月一〇日。

標茶町で第二回OSO18捕獲対応推進本部会議が開かれていた。私たちは藤本から信頼を回復したとはいまだ言い難かったが、会議は全メディアに公開されるということで、カメラマンとともに撮影に入っていた。道庁や標茶・厚岸両町の役場、猟友会、農協、専門家など三〇名以上が集まる中、その会議の中心人物こそが藤本だった。藤本は、冬の間に行った足跡捜索をもとに、捕獲作戦を語り始めた。

まず、OSO18が冬眠している可能性の高い森を突き止めるに至ったという。

それが厚岸町西部に広がる上尾幌《かみおぼろ》国有林だった。もともとヒグマの生息密度が低い森である。

二月から三月にかけての残雪期、藤本たちは標茶町、厚岸町の周辺にある森の中を大きく六つのエリアに分けたうえで、一二三日間をかけてしらみつぶしに捜索を行った。多くの森で、ヒグマの足跡や糞を採取したものの、大きさが小さすぎたり、DNAが一致しなかったりと、OSO18らしきヒグマが生息しているとは言い難かった。

ただ唯一、上尾幌国有林では、それらしき足跡が見つかった。人間に見つからない沢沿いを慎重に歩いていく幅一八㎝前後の足跡だった。

この森にOSO18は潜んでいるかもしれない。その仮説の裏付けを、もうひとつの事実から藤本は示した。

スクリーンには、これまでの全五七頭分の被害地点がグーグルアースに落とし込まれている。年ごとに異なる色のピンが落とされた地図である。不規則に思えた被害には、たったひとつ、ある規則性があった。

藤本はわかりやすくするため、地図に年ごとの最初と最後の被害だけを表示した。例年の被害の始まりは六月下旬〜七月上旬、最後の被害は八月下旬〜九月下旬にかけてだ。それらの地点は、上尾幌国有林に面する阿歴内に集中していた。

「被害が起き始めるのは、例年六月後半から七月にかけて。この時期というのは草が生い茂って、クマからすれば自分の身を隠せるようになります。そうなってから襲撃行動を起こしている。ですから、この草が生い茂る時期、その時期を見計らって行動するクマっていうのは、やっぱりその地区の近くにいる。最初に被害が起きる地域の近くに潜んでいて、出てきたときに襲うっていうのがあるのではないかと。最後は穴に戻る直前、ようするに自分の穴の近くにまで帰る前に、襲っている可能性が高い」

だとするならば、今年の被害も、冬眠から目覚めたＯＳＯ18は、阿歴内で最初の襲撃行動を起こすだろう。さらに、被害地点間をどのように移動しているのか、予想移動ルート図を藤本は描き出していた。スクリーン上に映し出された予想ルートは、上尾幌国有林から伸び、阿歴内にあるひとつの牧野に到達していた。そのポイントが、東阿歴内牧野だった。

七月一日、「阿歴内で被害が起きた」と山森から電話を受ける直前、私は藤本の事務所を訪ねていた。ＯＳＯ18が襲撃を始める季節が訪れるなか、何としても藤本に同行取材の許可をもらいたい。数ヵ月前に迷惑をかけたことを改めて詫び、藤本が被害現場に駆け付けることがあればついて行かせてほしいというお願いをするためだった。

事務所前に到着したときに目撃したのは、藤本が先を急ぐように赤いハイラックスに乗り込み、発車させる姿だった。車に駆け寄り、窓越しにどこへ向かうのかを尋ねた。

「なんでもないよ。ちょっと用事」

それだけを言い残して、勢いよく走り去っていった。

思えば、あのとき藤本は、牛が襲われたという連絡を受け、現場に駆け付けるところだったのだ。そのことを私には告げなかった。お前にはまだ情報は共有できない、というかのように。

取材拒否を告げられて以降、たびたび詫びを伝えに行っていた。そして何度か顔を出すうちに、次第に最新の見立てを少しずつ教えてくれるようにはなっていた。

しかし、お前たちには言えないこともある、という含みが常に藤本の言葉の中にはあった。おそらくまだ私たちは信頼されていないのだろう。だから、被害があった、ということすらも教えてくれなかった。

何にしても、情報を集めるために急いで阿歴内に住んでいる酪農家に電話をする。すると、詳細な被害現場を突き止めることができた。藤本がOSO18の予想ルート図に描き出していた到達点、東阿歴内牧野だった。

東阿歴内牧野まですでに向かっているであろう藤本を追いかけるように、車を走らせた。

牧野の近くに到着すると、渋滞が起きたかのように車一台分の細い農道に一〇台以上の車が並んでいた。最後尾の車の後ろに停車し、牧野の入り口まで歩いていく。

入り口付近では男たちが集まって、ドローンを飛行させていた。農協職員たちのようだ。標茶町役場から「熊被害発生」の連絡を受け、急遽現場に駆け付けたらしい。まだ近くにヒグマがいる可能性もあるため、ドローンで周辺の状況を探る役目を任されていた。

画面には、牧草地に横たわる牛の姿が映し出されている。

ドローンが降下していくと、腹から飛び出した内臓が確認できた。

操作する農協職員がつぶやいた。

「お腹これ食われてますよね？　こんなの見るもんじゃない……」

腹の中から内臓がすべて引きずりだされ、腹の中は空になっている。

だが、ドローンで周囲をどれほど探してもヒグマの姿は確認できなかった。


牧草地の奥から酪農家が一頭の牛を引いて戻ってきた。

「これも傷つけられた牛だよ。クマに」

襲われたのは、一頭だけではなかった。引いてこられた牛は、首元から背中にかけて点々と爪痕が残り、肉がむき出しになっている。傷口には無数の蠅がたかり、血が脈を打ちながら噴き出し、毛の白い部分を赤く染めていた。爪によって開けられた穴は骨まで到達している。ヒグマの爪には細菌がいるため、このように傷を負うと傷口が化膿する。治療しても回復が見込めないため、その場で殺処分させられることになった。

ほかにもかすり傷を負っている牛が一頭見つかり、この日の被害は合計三頭に及んだ。

「またか……」

東阿歴内牧野の組合長を務める大谷正志がため息をついた。東阿歴内牧野では前年の六月二四日にも被害が起き、一頭が死亡、二頭が負傷している。その日以降、昨年は三〇〇頭以上の牛のすべてを牛舎に引き揚げていた。本来であればかからないはずの餌代、そして掃除などの労力を、酪農家全員が割く必要に迫られたのだ。

今年に入って全員で話し合い、いくつかの対策を取った。夜通し音を出し続けるスピーカー付きのラジオを三台、五〇万円はするオオカミ型の追い払い装置「モンスターウルフ」も設置した。

「いろいろ対策したのにだめなんだな……、あとどうすればいいのよ……」

牧夫のひとりもため息をつく。今年も牛を引き揚げるわけにはいかない。酪農家たちの経済的負担、労力はこれ以上割けない。かといって、ヒグマを追い払う装置でも被害を防ぐことはできそうにない。ここで放牧を行う八軒の酪農家や牧夫を、諦めに近い空気が取り巻いていた。「寝ないで監視するしかねえのかな……」と冗談交じりにつぶやく者もいた。

やがて牧草地の奥から藤本が現れた。標茶町農林課の宮澤とともに被害現場周辺の調査をしていたようだ。こちらを見るなり、「場所よくわかったな、お前」と笑う。呆れたような表情だった。そして、ここまでついてきたなら、といくつかの質問に応じてくれた。

「この現場で被害が起きるというのは、対策本部で藤本さんが予想していたのと似ていますよね？」

「似ているんじゃなくてそのものだ。同じルート。読んでるルートどおり。だからこの先、先手先手でいければ何らかの反応は出ると思う」

藤本は牧野の周辺に張り巡らされた有刺鉄線を見回り、ヒグマの体毛を回収したという。その体毛は後日、ＤＮＡ分析により、ＯＳＯ18のものであることが確かめられた。


被害直後に詳細な実地調査を行うのは、藤本にとってこの日が初めてだった。その中でこれまでの想定を覆す事実が判明することになった。

まず、ＯＳＯ18の由来にもなった足跡の大きさである。これまでの被害現場で見つかった前足跡の幅が共通して一八cmだったことからＯＳＯ18と名付けられ、四〇〇kgを超える大型のヒグマであると想定されていた。中には、「超巨大ヒグマ」とまで形容するものもいた。

しかし、この日現場で見つけた足跡を測ると、大きくて一六〜一七cm程度しかなかった。足跡の土の沈み込みや歩幅からしても、「超巨大ヒグマ」と呼べるほどの大きさだとは考えられない。

「いまＯＳＯ18が何か伝説的な話になりつつあるけど、ごく普通のサイズだと思う。特段、怪物的なクマではない」

では、なぜこれまで一八㎝だと公表されてきたのか。

「ほとんどの足跡はこういう状態が多いんだ」と藤本は写真を出しながら、測り方の難しさを語った。四足歩行のヒグマが歩くと、多くの場合は、前足が踏んだ跡の上に後ろ足の跡が重なる。だから、実際の前足よりも大きい跡が残されることになる。足の周りには毛もついているため、それによっても跡は大きくなる。このことを理解して測らないと、正確な大きさは割り出せないというのだ。

この日、藤本が現場で探したのは、ヒグマが方向を転換するときなどに時折できる、後ろ足の重なっていない前足単独の跡だった。このように条件が整った前足跡を測ると、いずれも一六㎝前後だと判明したのだった。

「どっかの段階からか、虚像化されて、ＯＳＯ18は足跡が一八㎝あって、体重は四〇〇㎏を超えて、体長は三ｍあると。何か空想上のクマになってるけど、現実をしっかり見ていくと、そんなクマではないっていうのがはっきりわかる。体長は一・八から二・一ｍ、体重は二八〇㎏から三一〇㎏程度、どこにでもいるオスの成獣だ。足跡は一六㎝。ＯＳＯ18じゃなくて、ＯＳＯ16だ」

冬の間、藤本や赤石は、一八㎝の足跡を探し続けていた。しかし、その前提が間違っていた。探すべき足跡の大きさがそもそも違っていたのだ。

そして、ＯＳＯ18が想定より小さいということから、同時に推測できることもあった。

ＯＳＯ18が牛を傷つけるだけのケースが多く、襲った獲物に執着しなかった理由である。二〇二一年までに襲われた五七頭のうち半数を超える二九頭が、食べられていないどころか、殺されてすらおらず、傷つけられただけだった。その奇怪な行動により「ハンティングを楽しんでいる」「猟奇的」とまで言われるようになった。

しかし、この日被害を受けた三頭の牛に関して、興味深い事実があった。負傷した牛を安楽死させるためにやってきた獣医の話によると、三頭のうち、唯一殺されていた牛は、事件前から足を怪我しており、三日前に処置をしたばかりだということだった。この牛は、事件当日も足に痛みを抱えながら過ごしていたと思われた。ＯＳＯ18が想定以上に小さいという仮説も踏まえると、「猟奇的な行動」を紐解く、以下の可能性が考えられた。

――ＯＳＯ18は半数以上の牛を殺さなかったのではなく、殺せなかったのではないか。

大きい牛であれば、体重は四〇〇kgを超える。ＯＳＯ18が三〇〇kg前後の個体だとすれば、自分より大きい動物に立ち向かっていった、ということになる。牛に蹴られて人間が重傷を負う事故も起こるくらいだから、襲われかけて、牛が足を使ってヒグマに反撃するということも十分に考えられる。ＯＳＯ18は牛に近づいていき、爪を立てて襲いかかったものの、このような反撃を受けて、襲撃に失敗していたのではないか。そして、諦めきれずに、次から次へと牛を襲った。その結果、運よく抵抗の少ない牛を仕留めることができた。だから足を怪我していた牛だけが殺され、捕食されていた。負傷しただけの二頭と死亡した一頭の違いは、ＯＳＯ18から逃げきれたかどうかの差だったのではないか。

ＯＳＯ18が襲った牛に執着せず、現場に戻ってこなかったのにも十分な理由が考えられた。

藤本が現場に駆け付けたとき、一番驚いたのは、牛の被害状況ではなく、その周囲にいる人間の数だった。牧夫、酪農家、町役場職員、地元猟友会ハンター、合計二〇名近い人間が被害現場に集結していた。誰もが牛の被害を気にして、現場の様子を確かめに来たのだった。

ヒグマの嗅覚は、犬の一〇〇倍とも一〇〇〇倍とも言われている。これほどの人間が現場に大挙すれば、辺り一帯に人間の匂いが否応なく残される。ＯＳＯ18も慎重にならざるを得ず、仕留めた獲物がある現場には戻りたくても戻れない。おそらくそれは、これまでの被害現場でも同じような状況だったと考えられる。つまり人間の側が、その警戒心を煽っていたのだ。

ただでさえ警戒心の強いヒグマが、人間の匂いの漂う東阿歴内牧野に戻ってくるはずもなかった。

ＯＳＯ18は別の牛を求めて、次の現場へ移動するだろう。藤本は、前年の動きから、すでに東の厚岸町の牧場へ向かい始めていると読んだ。東阿歴内牧野から厚岸町に向かって、ひと続きの林帯が伸びている。

それは、ＯＳＯ18が身を隠しながら移動するための「道」でもあった。

新式の罠

被害から四日後、藤本と赤石は作戦に移った。

夏の間、牧草地の周辺の林は鬱蒼と藪が茂る。見通しの悪い藪の中へ探しに行けば、その先で待ち伏せているヒグマに気付くこともできず、突然逆襲を受けることもある。藪に入っていくのは、赤石などのベテランハンターでも自殺行為に等しかった。そもそも、これだけ警戒心が強いヒグマを、藪の中で人間が見つけられるわけもない。冬とは異なり、唯一の手がかりとなる足跡も、草木が生い茂る森の中では、見つけようもない。

そこで考案したのが、まったく新しいタイプの箱罠を仕掛けるという策だった。その箱罠は、横置きのドラム缶型の形状をしており、長年、赤石が独自に改良を重ねてきたものだった。これまで標茶町、厚岸町で設置されてきた檻型の罠とは、見た目や構造がまるっきり異なる。ＯＳＯ18が見たことのない形であるこの新式の罠であれば、かかる可能性があると考えたのだ。

ドラム缶型の箱罠が、被害現場である東阿歴内牧野と、次の被害現場と予測される厚岸町営牧場を結ぶ林帯に運ばれてきた。まさに、先回りの作戦だった。

罠の中には、これまでに用いられてこなかった餌が入れられた。ハチミツをベースにした特製である。そのほかの材料は機密という話だったが、中にはトウモロコシなどが混ぜられているように見受けられた。

赤石は、罠の周辺に、日本酒と梅酒を混ぜた液体をばらまいた。一定時間経つと発酵し、ヒグマを誘う匂いが放たれるという。罠には発信機を取り付け、扉が落ちると自動的に作動するようにした。罠にかかったかどうか、離れていても知ることができる。

あとは、想定通りにＯＳＯ18がこの道を通り、餌に興味を持って、新式の罠の中に入るのを待つだけだった。

捕食する姿

六日後の七月一一日、電話が鳴った。標茶町上茶安別に住む酪農家の本多英明からだった。標茶町猟友会の副支部長を務める本多耕平の息子であり、本多家に何度か足を運ぶうちに、自然と顔見知りになっていた。

「またＯＳＯ18出たぞ」

「え、どこにですか？」

「うちの近くの雷別《らいべつ》の牧場だよ」

まさか、と思った。雷別は、新式の罠を設置した厚岸町営牧場に続く林帯から一〇㎞も北へ離れた場所で、まったく異なる方角だった。藤本の読みは、大きく外れていた。

被害現場は、家族経営の酪農家・類瀬正幸の牧場だった。急いで駆け付けたが、国有林に面する類瀬牧場は、丘のように起伏が富んでいる地形のため、牧草地はほとんど見通せない。被害現場は斜面の向こう側に隠れているようだった。

牧場の入り口に到着すると、標茶町農林課の宮澤がちょうど斜面の向こう側へと歩いていくところだった。斜面が急なため、車で入っていくことはできなそうだ。藤本はまだ到着していなかった。

私は宮澤に近寄って訊いた。

「ついていってもいいですか？」

「いや、だめです。藤本さんに、現場への立ち入りは最小限の人数にするように言われているんです」

むやみに人間の匂いを現場に残してはならない、という藤本の判断のようだった。

車に戻り、少し離れた道路上から、斜面の向こう側を見通せる位置がないか探った。

すると、ちょうどよく斜面の向こう側を遠くに望むことができるポイントが見つかった。

宮澤とほか数名がいて、牧草地に牛の死体が倒れていた。森から五〇mほどの位置だった。

しばらくそこからカメラの望遠レンズで見ていると、現場に二人の人間がやってきた。服装からして、藤本と赤石のようだった。この日も、標津町から一時間以上かけて駆け付けたのだ。

私は、車で牧場の入り口に戻り、彼らが現場調査から戻ってくるのを待った。


赤石が戻ってきた。

「現場どうでしたか？」

「うーん、ひどく食われてたね」

「食われてましたか。一頭だけですか？」

「うん、一頭だけ」

「まだ近くにいる可能性ってあるんですか？」

「いるんでないかい、そばに。まだ近くにいるんじゃねえの」

襲われた牛は、東阿歴内牧野で殺された牛と同様に、腹だけが食べられていた。腹に開けられた穴は空洞になり、中身は食べつくされていた。

付近の土が剝き出しになったところには、それらしき足跡が残されていたが、状態の良いものがなく、大きさの判別は難しかった。

牧場主の類瀬は、住居からわずか二〇〇mの地点で牛が襲われた事実に恐れをいだいていた。

「もっと山の中ならよかった。さすがにあんな家の見えるところで……」

類瀬牧場は、国有林に接している。いつまた森からヒグマが現れるかわからないと、類瀬は残された牛たちを牛舎に引き揚げていた。

藤本は死体を数日間放置し、何か反応がないか様子を見るように類瀬に伝えた。

「今晩戻ってこなかったら、来ないと思うんだよね。とりあえず、一晩置かしてもらって」

「またほかの牛たちを放しても、被害ないよとは言えないでしょう?」

「うん。いつまたここに戻ってくるかわからない。場所わかってるから。あいつは見て歩いてるから」

この日、藤本は、現場への立ち入りを厳しく制限した。現場周辺の人間の匂いを最小限に抑えたうえで、牛の死体をそのまま残そうと考えたのだ。これまでの被害現場では、多くの人間が被害現場に出入りしたため、ＯＳＯ18が現場に戻ってくることはなかった。人間の気配をなくすことで、ＯＳＯ18の警戒心を解くことができるかもしれない。再来すれば、行動パターンをつかむことができる。そういう作戦だった。

翌朝、再び電話が鳴った。前日、連絡をくれた本多からだった。

「死体がなくなったぞ」

死体がなくなった……？　一体どういうことなのだろうか。

類瀬は忙しいということだったため、すぐに本多にお願いをし、案内してくれるよう頼んだ。

本多の自宅まで行き、軽トラックに同乗させてもらった。前日、類瀬に連れて行ってもらった牧草地の奥まで入っていく。

前日、死体が横たわっていた地点に辿りついた。しかし、確かにそこにあったはずの死体は、跡形もなく、きれいさっぱりと姿を消していた。

「今朝、様子を見に来たら、なくなってたのよ」

辺りの牧草に目を向けると、うっすらと死体を引きずった跡が残っていた。牛一頭分の幅だけ倒れた牧草の跡が、森のほうへと続いている。ＯＳＯ18は現場に戻ってきていた――。

跡を辿り、林まで到達すると、そこに生い茂る笹も同じ幅の分だけ倒れていた。林は下り斜面になっており、下のほうまでずっと跡が残されていた。斜面の下には、沢が流れている。どうやら牛はそこまで引きずられていったようだった。

現場に人間の匂いを残さなければ、通常のヒグマと同様、ＯＳＯ18は獲物に執着する。藤本の読みは、的中したらしかった。

ハンターの同行なしでこれ以上笹の奥に進んでいくのは危ない。本多とともに、ひとまず引き返すことにした。この日は、標茶町役場職員と猟友会のハンターたちで、沢の調査が行われた。牧草地と林の際から一〇〇m近く斜面を下ったところに、前日に殺された牛の姿があった。前日よりもさらに捕食されていたが、かろうじてまだ身体は残っている。藤本の指示の下、死体に向けて、トレイルカメラが設置された。

人間の気配を感じずに、OSO18が安心して牛に執着しているいま、焦って行動に出て警戒させるわけにはいかない。この機会を利用して、これまで謎に包まれていた見た目の特徴や習性をつかむことが先決だと判断したのだ。捕獲するには、まずその実相を明らかにしなければならない。

一六cmの足跡

カメラが決定的な姿を捉えたのは、その四日後だった。

夜一〇時、OSO18とみられるヒグマが、カメラに捉えられた（次々ページ写真）。そして牛をむさぼり食い始めた。深夜まで、二時間四〇分間も続いた。

OSO18は、決して楽しむために牛を襲っていたわけではなかった。間違いなく、食べるために牛を襲っていたのだ。

二日後、今度は類瀬から電話があった。

「隣の牧場でまた牛がやられたみたい……」

類瀬牧場に隣接する佐々木牧場で、一頭殺されたという話だった。腹が裂かれ、内臓だけが食われる、これまでとまったく同じ手口だという。

佐々木牧場に駆け付けると、牧場の倉庫に近隣の酪農家や猟友会のハンター、標茶町役場職員、そして藤本ら二〇名近くがすでに集まっていた。この日も、死体を残したうえで、被害現場への立ち入りを制限していた。

これまでと違っていたのは、集まっている人々の中に藤本と赤石以外の、ＯＳＯ18特別対策班のメンバーがいることだった。藤本が招集し、手分けして周辺の痕跡調査を行っていた。

二日前に類瀬牧場の沢にいたＯＳＯ18は、どのような道をつたって、佐々木牧場までやってきたのか。類瀬牧場と佐々木牧場は、隣接しているものの、一本の道路を隔てている。車が通る道路を横断したのであれば、目撃される可能性があるし、道路脇の笹が倒れ、痕跡が残されるはずだった。しかし、この二日間、目撃情報は一切なく、藤本が一度車を走らせた段階では、痕跡すら残されていなかった。

この不可解な現象は、四年間、ずっと続いてきた。佐々木牧場で被害現場は合計二八ヵ所になるが、半径一五㎞の範囲に及ぶそれらの複数の現場の間には、国道や道道など、いくつ

牛を食べるOSO18

もの道路が張り巡らされている。中でも、夜間も車の往来がある国道二七二号線が被害エリアの中央を貫いている。

にもかかわらず、ＯＳＯ18らしきヒグマが目撃されたという話は、最初の被害以降、四年間、一件もなかった。だから見た目の特徴や正確な大きさも判然としない。多くのメディアが〝忍者グマ〟と表現したように、忍法のごとく姿を消しながら、現場間を移動していた。

今回も、道路が二つの現場を隔てている以上、必ずどこかで渡ったはずである。それを明らかにすることは、〝忍者グマ〟がどのような道を歩いているのか、という疑問を解消することにつながると藤本は考えたのだった。

類瀬牧場から佐々木牧場に移動したポイントはどこにあるのか。ＯＳＯ18特別対策班は、それぞれの車で手分けをして、全長七㎞の道を幾度も行き来した。

なぜ横断したポイントが見つからないのか。何時間かしたあと、藤本の頭にふと、ひとつの可能性がよぎった。

道路が小川を跨ぐとき、橋にさしかかったところで車を停めた。車を降りた藤本は、歩いて橋の下まで降りていった。

足跡は、橋の下にあった。

周辺の草は、森の奥までバタバタと倒れている。車は橋の上を通るため、道路を走らせているだけでは、橋の下に残された痕跡を決して目にすることができない。

ＯＳＯ18は、道路を「渡っていた」のではなく、「くぐっていた」——。


酪農家たちに取材して作った手作りの地図を見返してみる。

書店で買った国土地理院地図にシールを貼り、被害地点の詳細なポイントを落とし込んだ。公表されている資料では大体の位置しかわからず、実際に牛が倒れていた具体的な地点まではわからない。国土地理院地図に記載された、川や沢など水路を示す線のすべてを青いマーカーでなぞっていくと、それぞれの現場の関連性が見えてきた。

ほとんどの襲撃が、川や沢のすぐそばで発生していたのだ。

この地域は、北海道各地にある酪農地帯の中でも、特殊な地形をしている。放牧地の隙間に、川や沢、林、湿地がモザイク状に入り組んでいる。

ＯＳＯ18は、こうした地形を巧妙に利用し、現場間を川や沢に沿って移動し、道路に行き当たると、その橋の下をくぐったのではないか。たとえ車通りが多い国道であったとしても、橋の下を歩いていたら目撃されない。人間に目撃されやすい箇所を把握し、意図的に身を隠して移動していたのだ。

驚くべきことは、それだけではない。被害地点を酪農家たちに案内してもらった際、偶然というには無理のある共通項に突き当たった。

二〇一九年八月六日、牛を襲われた酪農家の佐藤守はこう語っていた。

「昔はこういうふうに開けた放牧地じゃなくて、木が生い茂ってて、ここは『熊の沢』って呼ばれてたんです。牛を飼うために放牧地をどんどん広げてきましたから。もともとクマのいるところを切り開いたというか」

二〇二一年七月一日、牛を襲われた酪農家の髙野政広はこう語っていた。

「牛が襲われた場所から向こうの沢は、昔、別名『熊の沢』って言われてたんですよね。そばにうちの牛が夜寝てて、多分、『熊の沢』からそーっと来て、ガッと襲ったのかなと」

異なる被害現場のすぐ脇に、「熊の沢」という共通の名を持つ沢が存在していたのだ。

私たちが確認できただけでも、「熊の沢」は町内に五ヵ所もあった。

北海道開拓期、まだ人間の開発の手がいまほど入っていなかった時代、ヒグマは現在よりはるかに多く生息していたと推測されている。ヒグマの跋扈する光景が色濃く刻まれた時代に名付けられた「熊の沢」は、ヒグマが棲みやすい環境がそこにあることをいまに伝えていたのではないか。

地図に載ることもない地元の人たち独自の呼称が、ＯＳＯ18の被害を予見していた。

七月一日の出現以降、藤本が現地調査で明らかにした仮説を整理するとこうなる。

1．前足幅は一八㎝には達しておらず、想定より小さいと考えられる
2．楽しむ目的ではなく、食べる目的で牛を襲っている
3．しかし、身体がそれほど大きくないため、多くの牛を捕り逃している
4．仕留められる牛を求めて、次から次へと牛を襲い、被害が複数頭に及んでいる
5．多くの人間が現場にいるためその匂いを警戒し、食べ残しを食べに来ない
6．そうして別の現場へと移動し、襲撃を繰り返している

これまで考えられていたOSO18の特徴を根底から覆す仮説だった。

佐々木牧場で、藤本はひとつの勝負を打とうとしていた。

OSO18は、再び死体のもとに戻ってくる可能性がある。その瞬間を、銃を持って待ち伏せようというものだった。

藤本の提案で、被害があったその日から、特別対策班や地元猟友会が、交代交代で張り込むことになった。OSO18が現れるであろう場所を、見下ろせる位置に陣取った。人間の気

配を最小限にするため、一度に張り込む人数は二名に絞った。

音を立てず、じっと待つ作戦が、一週間続いた。

その間、ＯＳＯ18は一度も現場に姿を現すことはなかった。そのままに残していた牛の死体は、蛆虫が湧き、徐々に朽ち始めていた。こうしていつまでも待っているわけにはいかない。

藤本は、ちょうど一週間が経ったところで、張り込みを解除した。


その翌日の七月二六日の朝。

放置した牛の死体は、全身が細かく引きちぎられ、皮だけになった姿で見つかった。ハンターたちの張り番を解除した途端、安心したように、ＯＳＯ18は現場に戻り、食べ残しをあさりに来たのだ。

藤本が考える作戦のすべてを、ＯＳＯ18は見通しているかのようだった。


それ以降、各地の牧場でさらなる被害が続いた。七月二七日 一頭死亡、八月一八日 一頭負傷、八月二〇日 一頭負傷。現場は、それぞれ一〇km以上離れており、例年と比較しても規則性は見いだせなかった。

そして八月二〇日を最後に、被害はぱたりと途絶えた。ただひとつ規則性があるとすれば、今年も最後の被害が、上尾幌国有林に面する牧場で起きたことだった。藤本がＯＳＯ18の推定冬眠場所とした森だ。

それでも打つ手がないまま、時間は過ぎ、夏が終わった。ＯＳＯ18の襲撃は止まった。

なぜ、ＯＳＯ18の出現は、六月下旬から九月下旬の、夏の間に限られているのか。地域一帯では九月以降も、雪が降り始める直前まで、牛の放牧が続けられる。一般的にヒグマが冬眠を始めるのは、早くて雪が降り積もる一二月下旬頃。九月から一二月の秋の間、ＯＳＯ18はどこで、何をしているのか。

藤本は、事務所でひとり、グーグルアースの地図に向き合い続けた。秋になると、なぜ牛を襲わないのか。この答えは、新たな作戦の考案と密接にかかわっていた。

実りの秋、ＯＳＯ18は牛ではなく、デントコーンを食べに向かっているのではないか――。

二五秒の映像［山森］

藤本がＯＳＯ18に迫る傍らで、別の場所から決定的な映像がもたらされた。二五秒にわたるＯＳＯ18の映像が捉えられたのだ。記録したのは、標茶町役場の宮澤匠たちが森に設置してきたトレイルカメラだった。

藤本への取材が思うように進まない中でも、役場への取材は継続していた。宮澤たちは、ＯＳＯ18がどこにいるかをつかむために、自動撮影機能があるトレイルカメラを追加購入し、町内一五ヵ所に設置していた。ヒグマ特有の、木に背中をこすりつける「背こすり」と呼ばれる習性をいかして、木に有刺鉄線を巻いてヒグマの体毛（ヘア）を採取し、その様子をカメラで姿を捉える。「ヘアトラップ」と呼ばれる、学術調査でも用いられる手法だった。

作業は手間がかかるうえに、きわめて地味だった。森の中の沢に分け入り、草が生い茂る泥濘《ぬかるみ》を進む。ヒグマが好むミズナラやハルニレを見つけて有刺鉄線を巻き、おびきよせるために防腐剤クレオソートをかける。そばには、ヒグマの大きさの目安となるポールを立て、その二本を見渡せる位置にある木に、カメラをくくりつける。

設置すれば終わりではない。最新のトレイルカメラには、撮影するとメールで知らせてくれる機能がついているが、ほとんどが圏外だったため、定期的に足を運んで、確認しなければならなかった。それでも、ＤＮＡでＯＳＯ18だと確かめることができれば、外見的特徴を明確につかむことができる。複数の場所で成功すれば、連続的な行動の把握につなげられる。それが、ようやく実を結んでいたのだった。


宮澤によれば、ＯＳＯ18の映像は二五秒。撮影されたのは、八月九日の夜二〇時二二分、場所は標茶町茶安別だった。八月一九日に、映像を記録したメモリーカードと体毛を回収して体毛を道総研に送付し、九月二五日になって、その体毛のＤＮＡがＯＳＯ18のものだと判明した。

二五秒の映像で、画面左手からやってきたＯＳＯ18は立ち上がって背こすりを行い、右手のほうに去っていった。夜のため、映像からは毛の色や艶まではわからなかったが、大きさは明確だった。設置時に作業していた宮澤たちの身長やポールとの比較で、立ち上がって二m二五㎝。オスのヒグマの成獣としては普通のサイズだ。決して巨大ではなかった。

すべての特徴が、藤本の推理に、ピタリと一致していた。

「結局、ＯＳＯ18っていう名前を付けたことで、いろんな虚像が出来上がってしまったんだよ。名前を付けないで〝普通のクマ〟で終わってたら、ここまで世の中が関心を持つこともなかっただろうし、被害がすごく出てますね、くらいで終わってたと思う。名前を付けてしまったことによって逆に親しみも湧いたり、あるいはすごいクマだっていうふうに感じたり、そういったことが巷では起きてしまった」

「超巨大」「猟奇的」「忍者グマ」。ＯＳＯ18とは、未知のヒグマに対して、人間が作り上げたイメージの中心になる固有名だった。名前が与えられることで、人々の強い関心の対象となり、人間たちは、被害現場に集結するようになった。結果的に、一頭のヒグマは警戒心を増し、より一層、捕獲は困難になった。

巨大だと思い込んでいたために、普通のサイズのヒグマを目撃しても、ＯＳＯ18だと思わず、注意を払っていなかった可能性さえあった。強いイメージに支配されると、ＯＳＯ18と名付けられたヒグマが目の前にいる現実を、人間は見逃してしまっていたかもしれなかった。

「ＯＳＯ18」は、人々が、そして私たちも含めてメディアが作り上げてきた、幻想の産物だったのだ。

背こすりをするOSO18

本格的な取材を始めて、八ヵ月が経過していた。OSO18が捕まるかどうかわからないが、年内に番組を放送しないか、との話が局内で持ち上がった。捕獲まで待ちたい気持ちもあったが、いつになるか、わからない。制作期間が長くなるほど、重圧はかかる。秋の終わりの放送を目指すことに、プロデューサーも含めた全員で合意した。OSO18の実像は、明らかになりつつある。謎のヒグマに人間が迫る、そのプロセス自体が番組になることになった。

心強かったのは、藤本たちとの関係が好転し始めていたことだった。OSO18の実像が見えてきたことで、藤本に余裕がうまれていたのは間違いなかった。怪物と呼ばれたヒグマに着実に近づき、捕獲が現実味を帯びるなかで、その過程を映像として記録に残すことに意味を見いだしてくれたようだった。

第七章 消失

牛の飼料用トウモロコシ「デントコーン」の畑。
デントコーンはヒグマの好物でもある

デントコーン畑［有元］

二〇二二年九月となった。標茶町を貫く国道二七二号線に沿って、背丈の高い穀物が生い茂っていた。

牛の飼料用トウモロコシ「デントコーン」だ。収穫を迎える秋になると、三m近くに達する。牧草よりはるかに多いカロリーが含まれるため、摂取すると、搾乳牛が出すミルクの量は飛躍的に増える。牛にデントコーンを食べさせることは、酪農経営にとって、効率的に生産力を向上させる方法だった。

藤本は、被害地点をプロットしたグーグルアースの衛星地図を見ている際、多くの被害現場の周囲に、このデントコーン畑があることに気付いた。衛星写真を見ると、緑色をしている牧草地とは異なり、茶褐色の土地が、標茶町と厚岸町の酪農地帯に点在していることがわかる。それがデントコーン畑だった。デントコーン畑とＯＳＯ18の出現場所には深い関係があるのかもしれない。藤本は、ＯＳＯ18捕獲対応推進本部に参加している両町の農協職員に、各地のデントコーン畑でドローン調査を行うよう依頼した。

広大な畑を上空から観察すると、直径数メートルほどの円形の跡がいくつも確認できた。その跡の部分だけ、バタバタとデントコーンが倒れている。毎年秋になると、畑の中に必ず不規則な円形の跡が現れることから、酪農家たちは決まって「ミステリーサークル」に例える。この円形の跡こそ、ヒグマの食べ痕だった。

デントコーンを食べることで、効率的に栄養を摂取できる。それは、牛だけでなくヒグマにとっても同じだった。普段、ヒグマが食べるものの多くは、木の実や山菜など、山に自生する草本類が主である。ところが、そうしたものに比べて、デントコーンははるかにカロリーが高い。それだけでなく、秋のデントコーン畑は、まったくといっていいほど、見通しが利かない。人里はヒグマにとってはハンターに出会う可能性の高い危険な場所だが、デントコーン畑であれば身を隠しながら、安全に餌を食べ続けることができる。デントコーン畑は、ヒグマにとっても効率的に栄養を摂取できる、恰好の餌場だったのだ。

もともと人里とは距離を置きながら、森の中で暮らしていたヒグマだったが、近年、高カロリーな食材が人里に植えられていることに気付き、森から下りてくるようになった。毎年デントコーンが実る秋になると、牧場周辺にはヒグマの目撃情報が相次いでいた。

ＯＳＯ18も、秋にはデントコーンを食べているのではないかと藤本は読んでいた。デントコーンを食べ続けていると仮定すれば、牛の被害がぱたりと止むことと辻褄が合う。秋になったら、いくらでもカロリーの高い食糧が手に入るため、危険を冒して牛を襲う必要がない。町内に点在するデントコーン畑をしらみつぶしに調べていくことで、運が良ければ、デントコーンを食べている最中のＯＳＯ18を発見できるかもしれないと考えたのだった。

ドローン調査は、九月中旬から下旬にかけて二週間続けられた。ミステリーサークルは無数に見つかったが、ヒグマそのものが見つかることはなかった。

藤本は、むかし調査を行ったひとつのデータを思い出した。自ら理事長を務めるＮＰＯ南知床・ヒグマ情報センターでは、二〇〇九年から北海道大学大学院、ＮＴＴドコモと共同で、ヒグマの発信器調査を始めた。藤本と赤石が開発した箱罠でヒグマを生け捕りにし、麻酔で眠らせ、ＧＰＳ付き携帯電話を搭載した首輪を取り付け、リアルタイムで位置を把握できるようにした。ヒグマの目撃情報の増加や、人身事故の発生を期に、その行動を把握しようとしたのだ。

とくに興味深かったのが、二〇一四年に浜中町で捕らえたオスの成獣だった。発信機を取り付けたその個体は、浜中町、厚岸町、標茶町、鶴居村、根室市などを縦横無尽に行き来し、その距離は、三ヵ月で合計六五〇㎞に達した。これは東京から岡山と同等の距離である。ヒグマがこれほどの距離を歩くことが判明したのは、ヒグマの研究史上でも初めてのことだった。

もうひとつ興味深かったのは、歩き続けていたその個体が、秋になると、とあるデントコーン畑でずっととどまっていたことだった。その場所は、二〇一九年七月一六日、ＯＳＯ18が最初に牛を襲った標茶町下オソツベツの高橋牧場から、わずか五㎞の地点にあった。標茶町コッタロにある大倉牧場。周囲を山林に囲まれており、ヒグマが身を隠しながら近づいてデントコーンを食べ、再び山へと戻っていくには、最適な場所だった。ＧＰＳを取り付けた成獣が、秋にデントコーンが実ってから刈り取られるまでの間、ずっとそこにいた理由も頷ける。

もし、そのヒグマにとって、大倉牧場のデントコーン畑が居心地の良い空間であったのなら、同じヒグマであるＯＳＯ18にとっても好都合な場所ということになる。

ＯＳＯ18が最初に牛を襲い始めた七月は、デントコーンが実っていない季節だ。好んでいた場所だったが、季節的にデントコーンを食べることができず、牛を襲い始めたのかもしれなかった。

傷跡

「ＯＳＯ18みつかったぞ！」

二〇二二年九月二九日、藤本から電話があった。

「え……、どういうことですか？」

「大倉牧場に設置してたトレイルカメラに映ったんだよ」

「どうしてＯＳＯ18だってわかったんですか？」

「詳しいことはこのあと写真送るからちょっと待ってて」

少し待つと、写真をまとめた資料がメッセージで送られてきた。そこにはトレイルカメラで撮影された三種類の写真が並んでいた。

一枚目は、二〇一九年八月、オソツベツの高橋牧場で撮影された、檻の前のＯＳＯ18。二枚目は、この二〇二二年七月、類瀬牧場の沢で牛の死体を食べるＯＳＯ18。そして三枚目が、二週間ほど前に、大倉牧場に仕掛けたトレイルカメラで撮影されたというヒグマの写真だった。

藤本によって、それぞれの写真のヒグマの左大腿部に赤い円で印がしてある。いずれにも傷のような、白い跡が残っていた。思わぬ発見だった。これまで気に留めていなかったが、これまで撮影されたＯＳＯ18の写真には共通して、確かに傷跡があった。

「これ全部同じ傷跡だよ。だから、大倉牧場で撮られたヒグマもＯＳＯ18だ。間違いない」

そして、これはかつてＯＳＯ18が人間に与えられた傷なのではないかと藤本は言った。銃なのか、あるいは罠なのか。ＯＳＯ18が人間を警戒する理由をこの傷が示唆しているのではないか、と。

一〇月一日。藤本は赤石とともに大倉牧場に向かっていた。

ちょうど前日から、大倉牧場では、数日間かかるデントコーンの刈り取りが始まっていた。ＯＳＯ18がその付近にとどまっているうちに早く手を打たなければならない。

藤本氏から送られてきた３枚の写真。
破線の円が文中の赤い円

大倉牧場は四方をすべて森に囲まれ、キツネやエゾシカ、タンチョウが頻繁に出没する。現場に駆け付けると、標茶町の農協職員がデントコーン畑の上空にドローンを飛行させていた。映像を見ると、確かにヒグマが食べたと思われるミステリーサークルがたくさんあったが、ヒグマの姿は確認できなかった。危険を察知して、昼の間は周囲の山に潜んでいるのかもしれない。畑にデントコーンが残っていれば、また食べに戻ってくる可能性が高い。

藤本は、北海道庁から「くくり罠」と呼ばれる罠の使用許可を得ていた。土の中に隠された踏み板を踏むと、ワイヤーが跳ね上がり、足に巻き付く仕組みだ。

通常、ヒグマを捕獲する目的でくくり罠を用いるのは、法律で禁じられている。あまりに危険だからだ。ワイヤーが巻き付いたヒグマは、それを外そうと必死に暴れまわる。そのとき仕留めようとしたハンターが近づくと、ヒグマは怒りに任せ、自分の足がワイヤーで引き裂かれるのを覚悟で突進してくる。過去には、くくり罠にかかったヒグマに、殺されたハンターもいるほどだった。そのため、ヒグマに対して用いることができるのは箱罠に限られていた。

ただし、ＯＳＯ18はすでに箱罠を見抜いているものと思われるため、特別対策班がＯＳＯ18と思われるヒグマを捕獲する場合に限って、特別許可が出ることになった。

藤本と赤石は、デントコーン畑と森の境目に辿りついた。境界には、野生動物の侵入を防ぐための高さ二m近い柵が張られていたが、何ヵ所か、柵の下に穴が掘られているところがあった。ヒグマが土を掘り、畑に侵入した跡だった。

付近には、ヒグマがデントコーンを食べた後の糞もあった。糞の中には、消化しきれなかった黄色いコーンの実が残っている。

柵の向こう側には、ヒグマの足跡もあった。赤石が柵をのぼり、森のほうへ飛び越えた。残されていた前足跡にメジャーを当てた。

「やっぱ一六だわ……」

この夏、牛が襲われた現場に残されていた足跡と同じサイズだった。

赤石は足跡のそばに、くくり罠を設置することに決めた。再び畑に侵入してくるとすれば、一度通った道を使ってくるはずである。

赤いハイラックスの荷台には、ワイヤーの直径が二〇cmの特大サイズの罠が積んであった。この日までに赤石が、ＯＳＯ18を捕獲する目的で、イノシシ用に用いられているくくり罠を独自に改良してきたものだった。

土を掘り、罠を埋め、再び土で隠す。そこだけが不自然にならないよう、森から枯れ葉や枝を持ってきて、罠を埋めたあたりにバラまいた。最後に、自然と罠を踏むように足を誘導するため、太い倒木を持ってきて、罠の手前に置いた。倒木をよけようとその奥に踏み出したときに罠を踏む。そのような狙いだった。

　作業を柵のこちら側から見ていた藤本はこう言った。

「この柵からこっちは人間の領域。向こうはクマの領域。だから、クマが安心してる向こうのほうに罠をかける」

　あとは毎日、この罠が見える位置まで慎重に近づき、かかっているかどうかを、確認するだけとなった。藤本は、標茶町に住むハンターに毎日くくり罠の確認に行くよう頼んだ。


　その数日後のことだった。

　大倉牧場ではもうデントコーンは完全に刈り終わり、視界は開けていた。

　朝五時すぎ、二人のハンターが罠の確認に向かった。危険が伴うため、私は、罠から離れた安全な場所で待機する。遠くの森と畑の境目のあたりで、車がゆっくりと罠に近づいていく。罠のそばで停車し、二人は降りて罠を見に行った。

　その時間が私にはとても長く感じられた。ついに、ＯＳＯ18の姿を見ることができるかもしれない。期待と同時に、緊張感が押し寄せた。

　遠くの二人が、車に戻り、こちらに帰ってくる。

「どうでしたか？」

「罠が跳ね上がってたんですけど……」

なんと罠が作動し、ワイヤーは跳ね上がっていたという。一六cmの足跡もあった。

しかし、そこにＯＳＯ18の姿はなかった。

罠は確かに踏んだものの、何らかの理由でそこから逃げ出していたのだ。

ＯＳＯ18が持つ未知の力を、私は感じずにはいられなかった。どこまで追いつめても、ぎりぎりのところで、人間の手からすり抜けていく。

後日、赤石が再び現場を訪れ、同じ場所に罠を仕掛けなおした。

だが、ＯＳＯ18がここに現れることは、もう二度となかった。

第八章
禁猟区

二〇二三年三月、
釧路湿原国立公園の禁猟区で見つかった
食い荒らされたエゾシカの死体

雲隠れの術［有元］

冬が来て、また彼らは山に入った。

「──それ以上行ったらもう埋まるぞ」

無線からハンターの声が響く。この日の気温はマイナス六度、積雪五二cm。朝から激しく降りしきる雪は、森のどこかにあるかもしれない手がかりを瞬く間に消し去ってゆく。

二〇二三年二月一二日。ＯＳＯ18特別対策班は、二年目の捜索に出ていた。

ハンターの赤石のハイラックスに同乗し、私も上尾幌国有林の奥深くに入り込んでいた。

前年の捜索でＯＳＯ18が冬眠している可能性が高いと、藤本が結論付けた森である。前夏の最後に牛が襲われた八月二〇日の被害も、上尾幌国有林に囲まれた牧場で発生していた。もし今年も、この森でOSO18が冬眠しているとすれば、冬眠から目覚めてきたとき、どこかに足跡が残されるはずである。五五九三ヘクタールに及ぶ森で、その足跡を見つけ出すことができれば、追跡が可能となる。

上尾幌国有林は、狩猟が禁じられた森だった。狩猟期間であっても、野生動物を捕獲することは認められず、銃の発砲も許されない。だが、OSO18が冬眠している可能性が高いとわかって以降、藤本の要請に応じて、北海道庁が特別許可を発布していた。それは、特別対策班がOSO18を捕獲する場合に限ってのみ、発砲を許可するというものだった。

ただ、その身体に名前が書いてあるわけではない。目の前に現れたヒグマが本当にOSO18かどうかは、捕獲し、DNA分析をするまでわからない。そのため、現実的な取り決めとして、五頭を上限に、この冬の間、ヒグマを捕獲することが認められていた。

「――すごい雪だな」

「――これだと足跡も消えるな」

赤石の車に装備された無線用スピーカーから、仲間たちの声が聞こえる。この日山に入った八人のメンバーは、それぞれの車で複雑に分岐する林道に分散していき、奥へ分け入っていく。

除雪がされておらず、降り積もった雪で道の端がどこなのかさえ、もはやわからない。ハイラックスの巨大なタイヤが、まっさらな雪の上に轍を刻んでいく。森の奥に入っていくにしたがって、雪は深くなる。ハンドルがとられて車の揺れも激しくなる。

赤石はゆっくりと徐行しながら、前、右、左、とキョロキョロと窓の外に視線を配る。林道の脇に、それらしき足跡が残っていないか、見落とすことがないよう気を張っている。

時折、真新しい人間の足跡が窓の外に見えた。

「――何人かで行ったり来たりしててまた道路に戻ってきてる足跡もあるな」

「――やっぱ捕る気になって来てるやつが見て歩いてるんだべ」

OSO18が現れてから四度目の冬。日本全国から腕自慢のハンターが訪れ、この森に入り込んでいるという噂があったのだ。

捜索を始めて一時間後のことだった。赤石の車が前に進まなくなる。

「ちくしょう。カメになっちまった」

車の底面が雪に乗っかってしまい、タイヤが空転する。この状態を彼はカメに例える。抜け出そうと前進と後退を何度も繰り返すが、タイヤが地につかず、脱出できる気配はまったくない。

しばらくすると、無線を聞いた仲間たちの車が、後ろから次々と駆け付けてきた。

空転しているタイヤの付近にある雪を、地道にシャベルで掬い取り、横にどけていく。再びアクセルを踏むが、車は前に進まない。仲間のひとりが自分の車のウィンチからロープを伸ばし、赤石の車に取り付ける。車を勢いよく加速し、引っ張り上げる。赤石も同時に車のアクセルを踏む。空転するタイヤからは雪との摩擦で煙が上がり、焦げたゴムの匂いが漂う。

引っ張る向きを変え、雪を踏み固める。試行錯誤が一時間も続き、ようやく抜け出すことができたのだった。


「——だめだわ、やめよう」

「——今日はもう形跡なしだな」

雪は激しくなる一方で、この日は途中で引き揚げざるを得なかった。

「肝心のいちばん良いときは一週間くらいだから、クマ追えるのは。それが過ぎたらもう全然足跡がなくなってだめだ」

赤石はそう言った。ヒグマは春が近づくと、冬眠から目覚める。赤石の経験則では、冬眠明けから雪が解けきるまでは、わずか一週間しかない。雪が解けきってしまえば、足跡は残されず、追跡は不可能となる。問題は、その一週間がいつ始まり、いつ終わるのか、誰にも予測できないことだった。

彼らは、いつ訪れるかわからない一週間を逃すまいと、毎週欠かさず上尾幌国有林に通った。

リーダーの藤本は、知り合いを通してスノーモービルを手配し、林道に持ち込んだ。車で入っていけない森の奥深くまで探索を行うためだ。森に張り巡らされた林道を、手分けしてくまなく走る。足跡が見つからなくても、数日後に再び同じ道を通り、新しい足跡が現れていないかを確認する。

そんな日々が一ヵ月続いた。


三月一一日、最高気温は三・四度に達する。例年よりも数週間早く、雪が解けきろうとしていた。しかし、不思議なくらいにヒグマの足跡は見つからなかった。

普段は意気揚々と話し合う特別対策班のメンバーたちは、珍しくどんよりとした空気に包まれていた。

「どこ行っても何の足跡もないな。どこ行ったもんだべ」

「でも起きてればどっかに足跡残すよね」

「これだけ雪降ったんだから絶対どっかに残すんだ。それがないんだもん」

「雲隠れの術だ」

「こんな広いところ見て歩けったって無理だもん。よっぽど根性かけないと見れないよ」

仲間たちの話を聞いていた赤石がつぶやく。

「だめだ。場所が違うか……何とも言えんな。雪がもうなくなるから追えなくなる。これならもう何日も持たないよ。雪がないところなんかまるっきりねえもん。なかなかつかめねえよ」

ＯＳＯ18どころか、ヒグマの足跡がそもそも見つからない。ここまで足跡が見当たらない年は、彼らにとっても前例がなかった。ＯＳＯ18は、彼らが自分を追跡していることをわかっているのではないか。ハンターたちの気配を察知し、穴の中に身を潜めているようにさえ思えた。

確かに動物の足跡は、森の中に無数にあった。雪が降り積もった林道上を横断している。それらはすべて、エゾシカの足跡だった。

捜索のあいだ、エゾシカは何度もスノーモービルの先を駆け抜けていった。立派な角を蓄えた一頭のオスジカ、二頭の子を連れた母ジカ、二〇頭規模の大群。森に響くスノーモービルの轟音に驚き、逃げるように去っていくエゾシカたちの背中が見える。

彼らによると、ハンターに追われた動物はいつも禁猟区に逃げ込むのだという。

そこに行けば撃たれない、ということがわかっているかのように。

エゾシカの死体

二〇二三年三月一九日。ヒグマの足跡を見た、という情報が地域住民から寄せられた。

そこは、これまで重点的に探していた上尾幌国有林ではなく、北西へ二〇㎞ほど離れた場所だった。

釧路湿原国立公園。一三〇〇種の野生動物が生息し、ラムサール条約登録湿地にも指定される、日本最大の湿原である。

ヒグマの足跡は、その域内の鳥獣保護区にあった。保護区であるがゆえ、ここも一切の狩猟が禁じられている。

特別対策班は、この日も上尾幌国有林に向かう途中だったが、町役場から連絡を受け、急遽行き先を変更した。

「あったぞ、こっち」

藤本が仲間を呼び集める。足跡は、湿原を一望できる展望台へと続く斜面に残されていた。

赤石がメジャーを取り出し、前足とみられる跡に当てる。

「うーん、一五くらいだな」

ＯＳＯ18にしては、すこし小さいとみられた。

藤本は、そばに通りがかった初老の男性に声をかけた。

「この辺でクマ見たりしたことってありませんか？」

「ああ、クマはないけど……。昔、冬眠の穴を見たことはありますね」

「どの辺ですか？」

「この奥です」

地元住民だという男性は、そう言いながら、ある方向を指さした。道路が続いていたが、その先は門で閉ざされていた。林業関係者専用の林道として、普段は通行止めにされ、門には鍵がかけられている。

「この奥で穴を掘っている可能性はある？」

「ありますね。二ヵ所くらいは、土を掘って入っていた跡があったんです」

「普段は車だとかは行かないんでしょ？」

「誰もこの奥は……あそこに門してますからね」

この周辺がヒグマにとって棲みやすい環境になっているのかもしれない。藤本は町役場の職員にすぐに連絡を取って許可をもらい、湿原に隣接する森で探索を進めることとなった。

スノーモービルが林道を突き進んでいく。

出発してしばらく経ってからだった。

雪で白く染まった道の上に、赤い跡が点々としているのが見つかった。

「これ血の跡だ。まだそんなに古いものじゃないかもしれない」

そこら中に散らばる血痕はいったい何なのだろう。さらに先へ進むと、その理由となったものが、姿を現した。

林道上に、骨と皮だけになったエゾシカの死体が転がっていたのだ。頭部や胴体が分離し、ほとんど原形をとどめていない。

「バラバラだ……」

何者かに食い荒らされた跡だった。道の先には、次々とエゾシカの死体が見つかった。この日見つかっただけでも、その数は四頭分にのぼった。

本来なら、ヒグマはこうした肉を食べることはめったにない。そう簡単に森の中で肉が手に入らないからだ。一般的なヒグマが食べるものの八割以上は、木の実や山菜など、植物が占めている。

しかし同時に、ヒグマの食性は日和見的であるともいわれている。肉が容易に手に入る環境さえあれば、その味を覚え、しだいに肉食傾向へと傾いていく。

釧路湿原鳥獣保護区に生息するエゾシカは、この八年間で二倍に増えたと推計されている。

ＯＳＯ18は保護区で守られたエゾシカの死体を食べて、肉食へと傾いていったのではないか。

展望台の上から赤石は保護区を見渡していた。遠くで親子連れのエゾシカが走っているのが見える。

「シカがものすごい増えてきてるから死骸がすごくある。自然死したやつがあるし、事故死だとかそういうのあるから、クマも食いなれてきてんだ。あれ（ＯＳＯ18）は特別になってるけど、また他のクマだって同じ（肉食）になるんでないか。だんだんと」

野生動物の聖域

一三〇年ほど前まで遡れば、エゾシカは絶滅の危機に瀕する動物だった。

明治新政府が置いた北海道開拓使は、外貨獲得のためにエゾシカの肉や皮の大量輸出をもくろみ、北海道各地で捕獲が進められた。記録が残る最も古いデータでは、一八七三年から一八七八年の六年間で総捕獲数は五七万四四六二頭にのぼる。シカ皮は年に数万枚がフランスへ、角は大量に中国へ、シカ肉の缶詰はアメリカへ輸出された。こうした乱獲に加えて、一八七九年、異常気象といえる記録的豪雪が発生し、エゾシカは一気に絶滅寸前にまで生息数が激減。絶滅に瀕したエゾシカを保護するために、一八九〇年から禁猟とされる。

エゾシカの生息数が激減すると、それを捕食していたエゾオオカミが、代わりに家畜を襲うようになった。政府はエゾオオカミの駆除奨励金を交付し、捕殺を開始した。わずか一〇年ほどの間に少なくとも一六〇〇頭が捕獲され、一八九〇年までにはエゾオオカミは絶滅したと考えられている。

するとエゾシカの数は回復の兆しがみられ、一〇年後、狩猟は解禁された。しかし、すぐにまた数が減り始めたため、一九二〇年、再び禁猟となった。そうして戦後まで続く長い禁猟時代が始まる。

保護の名の下で行われた長期にわたる禁猟政策は、おびただしい数のエゾシカを育て上げた。一九五七年に再びエゾシカ猟が解禁された後、一九八〇年代まで捕獲数は毎年二〇〇〇〜三〇〇〇頭規模だったが、一九九〇年には一万頭を超え、二〇一〇年には一〇万頭を突破した。北海道庁が発表する全道の推定生息数は、二〇二三年現在七三万頭にのぼると推計されている。

エゾシカの爆発的増加は、結果的に著しい農林業被害を招いた。牧草、水稲、デントコーン、ビート、ばれいしょ。農作物がエゾシカに食べられることによる経済損失は、年間で四八億四六〇〇万円にのぼる。

開拓前には存在しなかった栄養価の高い農作物は、エゾシカ増加の後押しもしている。現在、明治初頭の乱獲期を超える規模で毎年一五万頭近く駆除が行われているが、生息数の増加は止まらない。もはや道内のハンターたちだけで駆除しきれる数ではないとさえ言われている。

とくに標茶町、厚岸町が属する釧路地方の農林業被害額は、道内において二位と倍近い差をつけ、群を抜いて一位である。エゾシカ捕獲数は道内で最多、車と衝突する交通事故件数も、人口が集中する札幌地方に次いで高い。エゾシカが急増する北海道の中でも、釧路地方は段違いに密集している地域となっている。

密集しているということは、死体があちこちに散在しているということでもある。冬の間、エゾシカは、山の中で餓死したり、自然死したりする。ハンターたちによって駆除されたエゾシカの多くは、そのまま森に放置されているとも言われている。一帯の森は、エゾシカの死体に溢れる環境になっていた。

それは、この地域でOSO18が誕生したことと無関係ではないと、藤本は言った。

「OSO18は肉食化の傾向がどうして強いのかなと。その理由が、エゾシカの増加だと思う。標茶、厚岸って実は釧路湿原が国立公園だったり、厚岸の国定公園だったり、人間が〝守る〟って言っている場所がたくさんあるわけだよ。そこに棲んでいる野生動物も守られてる。自然界を人間が自分たちのために切り崩していった。あるいは逆に拡充していった。人間が良くしようと思えば思うだけ、それとは反比例したことが自然の中では起きていくのかなという気がする」

家畜を襲うヒグマを生み出し、育て上げたかもしれない釧路湿原鳥獣保護区。

それは、人間が囲い、区域を定め、善意をもって守り続けてきた野生動物の聖域である。

悪性リンパ腫

三ヵ月の時が流れた。再び夏がやってきて、いつものようにOSO18は現れた。

二〇二三年六月二四日。被害が起きたのは、上茶安別だった。例年は阿歴内から被害が始まっていたが、今年は異なる動きをしている。

襲われた牛は、右の前足が折れ、腹を裂かれ、背中と肩が食べられていた。牧場の管理人が発見したときにはまだ息をしていたというから、この牛は生きたまま食べられ続けたことになる。

すぐに駆け付けた藤本と赤石は、前年と同様、牛を残置することに決める。死体の足にワイヤーを取り付け、木にくくりつける。手前には、さらに新しく改良したくくり罠を仕掛け、死体のほうに向かってトレイルカメラを設置する。

七月一日の夜一〇時すぎ、カメラが反応した。

画面の左から、ＯＳＯ18とみられるヒグマが姿を現した。

すると、ゆっくりと牛の死体に近づいていき、足を口に咥え、全身を引っ張り始めた。みしみしと音がたち、牛の足が胴体からちぎれていく。勢いよく引っ張られた足は、画面の外に消えた。

死体の前に赤石が仕掛けたくくり罠は、踏まれなかった。わずか三〇㎝差で回避していたのだ。あっという間に、牛の足だけが持ち去られていった。

次にいつ、どこで被害が起きるのか。その瞬間を待ち続けていた七月一二日のことだった。藤本から思いもよらぬメッセージが届く。

「病理検査でリンパ腫であることがわかりました。来週の木曜日（二〇日）から一ヵ月ほど、抗がん剤治療を受けるため入院するので現場に行くことが出来なくなります。当面、留守になり、面倒かけますが、よろしくお願いします」

健康診断後の精密検査で、悪性リンパ腫を患っていることが判明したという。命にかかわる重い病だった。もはやＯＳＯ18の追跡どころではない。リーダーが不在の中、特別対策班の活動は、しばらく休止せざるを得なかった。

ＯＳＯ18はもう永遠に捕まらないかもしれない。私は本気でそう思い始めていた。取材を始めてから、もう二年が経とうとしていた。毎月のように道東へ通い、何度も現場に同行してきたが、一向に捕獲の見通しは立たない。

それどころか、いまだ私は一度たりとも、ヒグマという動物を直接見たことがなかった。

藤本が治療で不在の中、この先ドキュメンタリーとして何を撮り続けていけばいいのか、私は道筋を完全に見失っていた。私はＯＳＯ18について考えることから次第に距離を置くようになっていた。

そんな中、ＯＳＯ18事件は、突然、決着を迎えることになった。

第九章
突然の死

あっけなく撃ち殺された
ＯＳＯ18の死体

二〇二三年八月二一日［有元］

夜九時。仕事について考えることから逃れるように札幌の自宅で映画を見ていたときのことだった。

入院中の藤本から携帯にメッセージが届いた。

「ＯＳＯ捕獲‼」

あまりに突然の連絡だった。下にはこう続いていた。

「場所―釧路町仙鳳《せんぽう》趾《し》付近
体重―３３０kg
捕獲日―７月30日

DNA照合済み
牧草地に居る所を有害駆除（銃）
獲ったのはうちらじゃないよ」

釧路町……？　七月三〇日……？　うちらじゃない……？

呑み込めないことばかりだった。

電話をかけると、入院中の夜遅くにもかかわらず、藤本は出てくれた。

「俺もさっき聞いただけだから詳しいことわかんないんだ」

「死体はどうなったんですか？」

「三週間も前だからもう残ってないみたい」

藤本や赤石があれほど時間をかけてもなお、巧妙に逃げ続けてきたヒグマが、牧草地にいるところを簡単に駆除される、なんてことがあるのだろうか。

そもそも、メッセージにある釧路町は、ＯＳＯ18が一度も出現したことのない場所だった。


なぜそんなところで撃たれたのか。

藤本たちが捕ったのではないとしたら、誰が捕ったのか。

どうして三週間前のことが、いまになって判明するのか。
なぜ死体が残っていないのか。
なぜこんなあっさりと前触れもなく、捕られたのか。

頭の中にいくつもの疑問が駆け巡っていた。聞きたいことは山ほどあったが、詳しいことは釧路総合振興局の発表を待って欲しい、と伝えられた。

捕獲されたことで、酪農家たちの不安が解消されるのは喜ばしい。ただ、ＯＳＯ18の姿を一度でいいからカメラに収めたいと思って、これまで取材を続けてきたのも事実だった。何よりもＯＳＯ18の最期の瞬間を記録するために、藤本らが作戦を実行するとなれば、休日を返上して、現場に駆け付けてきた。

だが、決定的な瞬間は何ひとつ撮れなかった。それどころか、死体さえもうこの世に残っていないのだ。これまで費やした時間と労力のすべてが、無駄だったように感じられてくる。

私は頭の整理がつかないまま山森に電話し、藤本からの情報を伝えた。

記者会見［山森］

二〇二三年八月二〇日は、さわやかな、北海道らしい夏の日だった。私は道北の内陸の町・津別町《つべつちょう》にいた。後日インタビューを予定していた作家・桜木紫乃さんが、津別町図書館で開館記念トークライブを行うというので、内容を聞いておきたいと考えてのことだった。ドキュメンタリー番組としてのOSO18の提案は継続して提出していたものの採択されず、有元の足跡探しも空振りに終わっていた。「やっぱり捕まらないんじゃないですかね」という会話も、繰り返されていた。終わりの見えないOSO18から距離を置き、私は、敬愛する映画監督・三宅唱さんのインタビューや、亡くなって一五年になる作家・氷室冴子さんのドキュメンタリーを制作して、冬から夏を過ごしていたが、先の仕事は決まっていなかった。

絶え間ない笑いに包まれた桜木さんの講演が終わり、津別から北見に向かうバスの車内には、「急告」と大きな赤い字が記された紙が貼られ、ドライバー不足によって便数を減らさざるを得ないことが伝えられていた。乗客はほとんどいなかったが、「急告」という文字の強さを見て、翌八月二一日、北見で、そのバス会社、北海道北見バスに立ち寄った。担当者によると、小樽に拠点を置く北海道最大のバス会社のドライバーが大量退職した影響で、相互乗り入れをする長距離バスの運行に支障が出ていて、路線バスの便数を減らしてドライバーをまわし、やりくりしているという。新たにドライバーの募集をかけても人はなかなか集まらないときき、生活インフラが立ちゆかなくなることを次のテーマのひとつにしてみようと考えた。OSO18のことを忘れたわけではなかったが、当てもない中で、いつまでもヒグマを追い続けるわけにはいかなかった。

八月二一日は月曜だったが、一八時一七分北見発札幌行きの最終特急列車オホーツク4号は混んでいた。北海道の夏は、日がなかなか落ちない。通り過ぎる車窓の風景をいつまでも眺めていたが、留辺蘂《るべしべ》あたりまでやってきて、さすがに家々を見るのが難しくなるほどあたりが暗くなったとき、電話が鳴った。有元からだった。

「山森さん、OSO18が捕獲されたらしいです。いま、藤本さんから電話があって、しかも、仕留められたのが三週間くらい前らしいんですよ。まだ本当にそうなのか、わからないらしいんですが」

胸を衝かれた。座席を離れ、車両の連結部分へ移って話を続けたが、不意の知らせに混乱が消えない。

「本当なの？」

「藤本さんも、誤報かもしれないと仰ってます。でも、三週間前に釧路町で捕まったヒグマのＤＮＡが、ＯＳＯ18のＤＮＡと一致したという話らしくて」

「釧路町？　これまでの出没範囲じゃないんだ」

「そうなんですよ、だから、そこもよくわからなくて」

私以上に、有元は、捕獲の一報に戸惑っていた。ひとまず明日行くかどうかだな、とつぶやいた私に対して、有元は電話口でこう言った。

「山森さん、いまできることとありますかね。僕、現地に行って取材して、何かができる気がしないんですけど」

有元の反応は当然だった。冬から春にかけて道東に通い続けてきて、足跡ひとつ見つからなかった。終わりの見えない取材を耐えてきたのに、この結末だとしたら、これまでの時間は何だったのだと思いたくなるだろう。私は、こう話すしかなかった。

「何ができるか、どんな番組になるのか、考えるのは、もうちょっとあとにしないか。たとえば、明日、ニュースでＯＳＯ18捕獲の一報が伝えられるとしたら、赤石さんはそのニュースをどう見るだろう。これだけ取材をしてきたのだから、そこは見届けたくないかな」

座席に戻っても、虚脱感はすぐに去らなかった。ＯＳＯ18が三週間前に死んでいて、もういない。ＯＳＯ18のいない世界を三週間も生きていたのだと思うと、その最期がどうなるのか、意味のない想像を続けていたことが虚しかった。

幸運だったのは、札幌までの時間がまだあることだった。暗い車窓を眺めながら、ゆっくり、どうすべきか、頭を整理した。すぐに動かずにいることを正当化する理由はいくらでもあった。札幌への到着は二三時。週末の取材で、疲労がないわけではない。明日は別取材の予定も入っている。ＯＳＯ18は、もういいんじゃないかという声も局内にはある。

しかし、そうした理由を並べてみても、いま動かなければならないと感じる衝動のようなものの強さは確かだと思えた。何が起きたかわからないときこそ、立ち止まると後悔することも間違いなさそうだった。どんな形の番組になるのか、まったくわからないけれど、まずは、これまで取材をしてきた人たちが捕獲の一報をどう受け止めたか、会って訊いてみる、それだけでいいじゃないか――。

そう決めてから札幌までのあいだに、北海道新聞が捕獲の速報をＷｅｂでうって、Ｙａｈｏｏ！ニュースに転載され、情報は急速に広まっていた。札幌で職場に寄って小さなカメラをピックアップしたのは、二三時過ぎ。航空券の手配などを終えたときには、二四時をまわっていた。

しかし、翌日の取材は出足から挫かれることになった。朝一番の飛行機に乗るために、丘《おか》珠《だま》空港へ向かう途中、ＪＡＬからのメールが届く。「釧路空港濃霧のため欠航」。すぐに行き先を札幌駅に変更し、鉄路での移動に切り替える。札幌からは順調に行って四時間半。エゾシカやヒグマとの衝突で遅れることも珍しくないが、スマホの時刻表検索によると、到着は一三時二〇分の予定だった。

早朝から、チャットで有元と情報共有は再開していた。ＯＳＯ18が捕獲された現場近くの酪農家、釧路総合振興局、ハンターたち。手分けして取材先に連絡を試みる。錯綜しながらも、仕留めたハンターの名前、捕獲場所の持ち主などが次々と手に入る。傍らで、やはり誤報かもしれないとの情報も届き、何が正確なところか、わからない。

釧路駅についた私は、予定を変更することにした。飛行機なら、釧路市街から離れた釧路空港に到着することになり、すぐに標茶に向かおうと思っていたが、中心部にある釧路駅に来たこともあって、最も正確な情報が集まっているであろう釧路総合振興局に立ち寄ることにしたのだ。

訪ねてみると、いつも応対をしてくれるＯＳＯ18捕獲対策推進本部長の杉山誠一が自席で誰かと話している様子が遠目に見えた。前任の井戸井と同様に、杉山は取材を続ける私や有元に面倒な素振りを片時も見せず、真摯に向き合ってくれる有り難い存在だった。その杉山が、私を一瞥しても動かない様子に、何かがあると感じて、近くにいた職員に尋ねてみると、このあと一五時頃から会見を行うという。

会見の撮影を行うことにした私が、ようやく杉山に声をかけることができたのは開始直前、会見場へ向かう廊下だった。

「本当に捕まったんですか」

「本当です」

ゆっくりとしたその答えは、これまでの時間の長さをかみしめるようだった。

「長かったですね」

「長かったです。これまでやられてきた農家さんたちのことを思うと、やっとだと思います」

どこかＯＳＯ18の死を信じられずにいた私は、杉山の言葉を聞いて、ようやく死を受け入れ始めた。

会見には新聞テレビ各社が集まり、記者たちには、現場で撮影されたＯＳＯ18の死骸写真を含めた資料が配付された。杉山は、ＯＳＯ18の死の詳細を可能な限り説明した。時系列を整理すると、こうだった。

七月三〇日　朝五時頃

釧路町オタクパウシで、釧路町職員のハンターがヒグマを捕獲

これまでのＯＳＯ18の出没範囲と異なるため、ＯＳＯ18の可能性があるとは考えなかった

八月一〇日

そのヒグマがＯＳＯ18の可能性があると思い至り、牙と体毛を道総研に送付

八月一八日

道総研における分析の結果、牙から採取されたＤＮＡがＯＳＯ18と一致

八月二一日

ＯＳＯ18が捕獲されたと関係者に連絡

発表では体長二m一〇㎝、推定体重三三〇㎏。前足のサイズは、二〇㎝と伝えられた。当初言われていた一八㎝でも、藤本が計測してきた一六㎝でもなかった。

不可思議なことはほかにもあった。ＯＳＯ18が撃たれたのは牛のいない放牧地だったが、現場は道路からも見通しがよい開けた場所だったという。そこで、ＯＳＯ18は撃たれたが、反撃すらしていなかった。これまで人間を極度に警戒してきたはずのＯＳＯ18にしては、あまりにらしくなかった。

当然、記者たちからは、質問があがった。

なぜ、二〇㎝だったのか？

人間を極度に警戒しているとされたＯＳＯ18が、なぜ、開けた場所に出て、あっさりと殺されたのか？

なぜ、捕獲からＤＮＡの検査まで時間がかかったのか？

なぜ、ＯＳＯ18の可能性があると思い至ったのか？

杉山は、そのいずれの質問に対しても、「私どもも承知しておりません」と答えた。本当に知らないのだと思った。

わからないことばかりが残され、釈然としないが、とにかくＯＳＯ18が捕獲されたことだけは事実だ、という手ごたえのない印象を記者たちに残して会見は終わった。私は、その撮影を終えた後、酪農家や標茶町役場をまわり、捕獲の一報をどう受け止めたか、尋ねて歩いたが、その日に会った誰もが、ＯＳＯ18捕獲の知らせを、どこか信じられていないようだった。無理もなかった。姿を現したことがない「怪物」が、人知れず死んでいたと知っても、確かなことがどこにもない。

ニュース7［有元］

藤本からの電話を受けた日、私は一睡もできず、翌日、意識が朦朧としたまま、新千歳空港から中標津空港に飛んだ。道東へ行くことを決めたものの、入院中の藤本に会うことはできない。まずは赤石のもとへ話を聞きに行くことにした。レンタカーを借り、標津町古多糠にある赤石の家に向かう。到着したときには、もう完全に日が沈みきろうとしていた。

家の前に着くと、ハイラックスから赤石が降りてきた。ちょうど家に帰ってきたところのようだった。

「どこまで話聞きましたか？」

「いや、捕ったたっちゅう話だけ。詳細なんか全然わかんないわ。もう三週間も経つんだもん、わかんねえさ。どうなってるかこっちのほうが聞きたいよ」

赤石も私と同じで、入院中の藤本から最低限の情報を共有されていただけで、私以上に知っていることは何もなかった。

空はすっかり暗くなっていたため、家に上げてくれることになった。

赤石がリビングのテレビをつけると、ちょうどＮＨＫで「ニュース７」が始まったところだった。

「今日、記者会見があったみたいだからニュースに出るんじゃないですか？」

「どうかね、見てみるか」

そう言いながら、奥にある段ボールから缶コーヒーを二つ取り出した。ひとつはこちらにくれ、もうひとつを開けながら、赤石はソファに腰かけた。

一五分ほど経つと、案の定、ＯＳＯ18の捕獲を伝えるニュースが始まった。


「六〇頭余りの牛を襲った『ＯＳＯ18』と呼ばれるヒグマ。北海道は、駆除されたと発表しました。体長二ｍ一〇cm、体重は三三〇kgと推定されるヒグマ、ＯＳＯ18。最初に牛が襲われた標茶町オソツベツという地名と、当初、足の幅が一八cmあると見られたことから名づけられました。（略）前足の幅は、当初想定していた一八cmではなく、二〇cmだったということです」

一分ほどでそのニュースは終わった。

「あれ？　それで終わり？」

あっけにとられたように赤石が発した。

「いまので終わりですね」

「なんじゃい、全然わかんないじゃん。だめだそれじゃあ。詳細がわかんないわ。それは俺らもわかんないわ」

そして、キャスターが伝えた最後の一行に食いついた。

「大体その二〇cmっちゅうのも、ばかな話するんでねえっつうの、お前。どうやったら二〇cmになるのお前。まったくもう、笑ってしまうよ、まったく。なんぼ測っても二〇cmなんかないよ」

呆れと憤りが入り混じった声だった。

当初、前足の幅が一八cmだとされたことから、ＯＳＯ18という命名がされた。しかしこの一年間、現場に残されていた足跡を赤石や藤本が繰り返し測る中で、実際は一六cmだと判明したはずだった。それが今度は二〇cmだと公表されている。これは一体どういうことなのか。赤石も納得できないようだった。

ＯＳＯ18はなぜあっけなく撃たれたのか。

どうしていままで現れたことのない、釧路町で撃たれたのか。

なぜ三週間も前のことがいまになって発覚するのか。

どうして前足の幅は二〇㎝だったのか。

何を聞いても赤石は、「わからねえ」と繰り返すばかりだった。駆除されてもなお、OSO18の謎は何ひとつ解明されなかった。それどころか、むしろ謎は増していくばかりだ。

帰り際、死体はどうなったと思うか訊くと、赤石は吐き捨てるように言った。

「処理場に持っていかれて、缶詰にでもなってんじゃねえの?」

中標津の夜［山森］

中標津の宿に到着したときには、二一時を過ぎていた。前日、電話越しに憔悴しているように感じられた有元だが、午後から標津に入って赤石正男の撮影を行い、先に宿に入っていた。着いたことを知らせると、「ごはんでも行きますか」とチャットをもらい、ロビーで落ち合った。そこで有元の表情を見たとき、私は本当に安堵した。冬の捜索で何も見つからなかったとき以降、ＯＳＯ18の話題になると、どこか曇った顔をしていることが多く、話題にすることとさえ減っていた。それが、その顔に生気が戻っていた。

店に入り、食事をとりながら、今後の方針を議論した。

謎のヒグマが死んだが、その死骸がどこにあるかわからず、死そのものが謎に包まれている。そのこと自体は面白いし、解き明かす過程を番組にすればいいことは、ふたりともわかっていた。だが、その謎をどうやって明らかにしていけばいいのか。

気になることばかりだった。なぜ、人間を極端に警戒してきたＯＳＯ18が、あっさりと撃たれたのか。ハンターたちからきいた情報によれば、撃ったハンターは今年ライフルを持ったばかり。初めて撃ったヒグマがＯＳＯ18だったという。

そもそも、公式発表の前足幅二〇㎝は、常識的に考えにくいサイズだった。藤本たちの測定したＯＳＯ18の足のサイズは、一六㎝。急激に大きくなることはあり得なかった。超巨大な大型ヒグマでも二〇㎝のサイズはほとんどなく、つまり、その数字が不確かか、あるいは、ＯＳＯ18の足に何か異常が起きたとしか考えられなかった。ひとまずは入院中の藤本の退院を待って、その調査に同行し、何が起きたのかを探っていくくらいしか思い浮かばなかった。

ただ、手元に、ひとつだけ仮説になりうる材料があった。その日、標茶町役場に宮澤匠を訪ねた際、今年標茶町内に仕掛けられたトレイルカメラに、ＯＳＯ18ではない大型のヒグマが多数映っていることを知らされていた。もしかしたら、ＯＳＯ18が、これまでの行動範囲から外れた釧路町にいたこと、あっさりと撃たれたことに関係があるかもしれない。話し合って、有元は現場に残って藤本や解体場の取材を行い、私は、トレイルカメラで撮影された大型のヒグマの映像や画像をもらいうける交渉を標茶町役場と行うほか、研究者たちに会うことにした。

遅い夕食の最中に、ひとつの知らせがあった。ＳＮＳで、東京のレストランが、ＯＳＯ18の肉を提供していることを告知しているという。慌てて確かめてみると、日本橋人形町のジビエレストランが仕入れた肉がＯＳＯ18のものだと喧伝していた。にわかには信じられないが、七月三〇日に解体場に持ち込まれたあと、肉が販売されていてもおかしくない。そう思っているうちに、ＯＳＯ18が肉になっていたこと自体が、ニュースになって拡散し始めた。

ほどなくして、私がＯＳＯ18の取材をしていることを知っている、幾人かの友人からＬＩＮＥやメッセンジャーで連絡があった。皆、こう言っていた。

「何、この結末？」

同じ驚きを、私と有元が、誰よりも強く感じていた。

第一〇章

消えた亡骸

ＯＳＯ18の骨が眠る解体場で
一心不乱に掘り続ける有元ディレクター

解体業者［有元］

「先週からお店で提供していたヒグマ肉の炭火焼、ＯＳＯ18だったことが判明！」

それは東京都日本橋人形町にあるジビエレストランによる投稿だった。もしこれが事実なら、駆除された後、ＯＳＯ18とは気付かれないままに、食肉の流通ルートに乗り、東京まで運び込まれ、誰にも気付かれないまま、都会の人々に食べられていた、ということになる。

あるネット記事は、早速このジビエレストランに取材し、肉は八月上旬、白糠《しらぬか》町の解体場から購入したと伝えていた。白糠町は、標茶町から釧路市を挟んで西側にある町だ。記者会見当日、白糠町の解体場から、例の肉がＯＳＯ18だとわかったとレストランの店主に連絡が入ったのだという。

私は、レストランよりも、まずは白糠町にあるという解体場の取材を優先すべきように思えた。なぜなら、解体を行った人であればＯＳＯ18の全身を見たはずであり、その大きさや身体的特徴を知っているはずだからだ。前足幅が二〇cmだったという謎にも、何かヒントを与えてくれるかもしれない。早速、白糠町にある解体場を調べてみると、町内には合計三軒しか存在しないことがわかった。

八月二三日、私は、三つの業者に順番に電話し、単刀直入に尋ねた。

ＯＳＯ18を解体したのはこちらですか、と。

一軒目、二軒目の業者は否定したが、三軒目の電話口の男性が「うん、そうだよ」とあっさり答えた。その男性は、社長を務めているそうで、いますぐ行ってもいいか尋ねると、構わないと言う。

指定された場所は、釧路市内の閑静な住宅街にある、社長の別宅だった。

社長の松野穣は、白糠町の解体場での仕事から戻り、そこでゆっくりしているところだった。白糠町の解体場には、毎朝、地域のハンターによってエゾシカが持ち込まれる。他の従業員とともに、毎朝エゾシカの解体を行うのが、松野の日課だった。

ＯＳＯ18の件について尋ねると、松野は包み隠さず、三週間ほど前のある日のことについて詳細に語ってくれた。

七月三〇日の朝六時頃のことだった。白糠町でいつものように解体作業を行っていると、知り合って三、四年になるハンターが一頭のヒグマを持ち込んできた。彼は、ハンターであると同時に釧路町役場職員であり、町の仕事としてエゾシカをはじめとした有害鳥獣の駆除を担っていた。

持ち込まれたヒグマは、その朝、釧路町内の牧草地で見つけたものだという。牧草地に寝そべっており、人間を警戒する様子がなかった。それどころか、逃げる気配すらなかった。だから近づいて三発撃ち、仕留めたのだという。

松野にとって特別大きい個体だとは思えなかった。むしろ、さして特徴のない〝普通のクマ〟だった。あえて特徴を挙げるなら、体毛が極端に薄くはげていた。歳をとると人間も毛が薄くなっていくが、それと同じで、このヒグマも老衰しているように見えた。牧草地に寝そべり、ハンターが近づいても逃げようとしなかったのも、耳が遠くなり、目も見えづらくなり、感覚が鈍っていたからだろうと思った。

太ももには、傷のような白い痕があった。OSO18も太ももに傷があるという話を耳にしていたから、その場で冗談交じりに、OSO18なんじゃないかと話をした。ただ、皮を剝いでみると、中の筋肉組織には全然異常がなかった。傷という傷でもなかったため、単に白い模様なのだろうと、それ以上、深く考えることもなかった。

ヒグマの解体は、腹を裂き、腸や胃などの内臓を出すことから始める。取り出した胃の中には何も入っていなかったことを覚えている。全身を秤にぶら下げて重さを量ると、三〇四kgだった。内臓を約二〇kgとして概算すると、死亡時の体重は約三二四kgだったということになる。オスの成獣としては普通で、特別大きい個体だとは言えなかった。

身体は、アバラ二枚、肩二枚、モモ二本、ロース左右、うちヒレに切り分け、消費に堪える肉は合計一五〇kgほどになった。売り物になる肉といえば、それで全部だった。冷蔵庫で寝かせ、翌日、真空パックに一kgずつ小分けした。

売り先はすぐに見つかった。以前から、東京のジビエレストランの店主に「熊肉が入ったら教えて欲しい」と頼まれていたのだ。まず六～七kgほど送り、味を見てもらったところ、「柔らかくて美味しい」というので、何度かに分けて追加で送った。そのレストランに送った肉は、合計四六kgになった。

余った肉は、釧路市内のネット通販業者が、買ってくれることになった。その業者はさらに転売し、肉のほとんどを兵庫の取引先に売ったという。一五〇kgの肉は、合計二八万円になった。

解体当日、ハンターは記念にその体毛と牙を持って帰っていた。彼が後日、「念のため」と思い、標茶町を介して北海道立総合研究機構に体毛の分析を依頼したところ、ＯＳＯ18だと判明した。

家畜を食らい続けてきたＯＳＯ18は、最期、合計二八万円分の食肉として流通する運命を辿ったのだった。

それにしても、六六頭もの牛を襲い、四年間にわたる人間の追跡から逃げおおせてきたヒグマが、なぜ最期は、体毛が極端に薄く、老衰に近い状態に陥っていたのだろうか。その謎を解き明かすためにも、考え得る限りすべての手がかりを探る必要がある。

とくに気になるのは、前足の大きさだった。当初、幅が一八cmだとされ、藤本たちが実は一六cm前後だったと突き止め、捕獲後の記者会見で二〇cmだったと公表された前足だ。

「手足は残っていないんですか?」

「手はもう中国人に売れちゃった。四本とも」

売った相手は、東京に住む知り合いの中国人女性だという。古来、〝熊の手〟は中国で高級食材とされてきた。解体業を営む松野のもとには、昔から頻繁に、「熊の手が入ったらすぐに売ってほしい」と中国人から連絡が舞い込んだ。七月三〇日、知り合いの中国人女性にクマが入ったことを伝えると、前足、後足の四本とも買いたいと言われ、すぐに送ってしまったのだという。

「その中国人に、まだ残ってるかなと思って今日電話で聞いてみたっけ、もう食べちゃいましたって言ってたよ」

松野はそう言いながら笑った。

「一八cmだからOSO18ってなったと思うんだけど、見た感じ一八cmもあるかなっちゅう感じだね。そこまでないかな、一五、六cmってとこだと思う、感覚的には」

「ではいま、捕獲したヒグマが二〇cmだって報道で出ているのは、どういうことなんですか？」

「えっ、出てる？　二〇cmって」

「釧路総合振興局の発表では、前足幅は二〇cmだったと……」

「どこからそういう情報が出るのかね。だってみんな現物見てないんだよ、それを言っている人たちは。解体した俺らしかその現物を見てないのに、何でそういう情報が、どこから出てくるんだろうって。それがちょっと理解できない」

「誰か測ってましたか、そのとき」

「いや、誰も測ってないよ」

二〇cmという報道発表に対して松野も疑問に思っていたが、もはやその正確な大きさを知る術はない。

「他にOSO18の身体の一部とか残っていたりしないですかね？」

「いや、もう腐ってるやつはある」

「何があるんですか？」

「皮と骨だけは、堆肥と減容化してるから、その中に混じってるよ」

減容化とは、廃棄物を処理するとき体積を減らすために行う処理のことだ。肉を切り分けた後に残った野生動物の毛皮や骨、内臓は残渣と呼ばれ、こうしたものは売り物にならないため、産業廃棄物となる。かつてヒグマの毛皮は高く売買されたが、いまでは買い手が見つかることはほとんどなく、松野の解体場では、多くを処分しているという。

産業廃棄物業者に引き取ってもらう際には、その量に応じて処分費を負担しなければならない。毎日、二〇〜三〇頭のエゾシカの解体を行う松野の解体場では、この費用を少しでも安く抑えるため、エゾシカやヒグマの残渣を堆肥や乾燥した牧草と混ぜ、発酵させることで、全体の嵩を減らしているという。七月三〇日も、解体を終えて残ったヒグマの残渣を解体場の裏にある堆肥場に捨ててしまっていた。

「まだそのときのものが残っているんだったら、その中から探せませんか?」

そう訊くと、松野はきっぱりと答えた。

「無理だよ」

松野は解体場の裏にある堆肥場まで案内してくれた。到着するまでの間、私は、なんとなく街中にあるゴミ捨て場のようなものをイメージしていた。エゾシカの死体などをより分ければ、ヒグマの毛皮や骨が見つけ出せるだろうと思っていた。

しかし、着いたとき、目の前に広がっていたのは、想像を絶する量の堆肥の山。そして、これまでに人生で嗅いだことのない強烈な異臭が漂っていた。

堆肥場は、ゴミ捨て場というよりも、例えるなら小学校の体育館ほどの広さに近かった。その空間に堆肥が押し込められ、高さ三m近くまでうずたかく積まれている。堆肥の山をよく見ると、バラバラになったエゾシカの骨や毛皮が中からはみ出し、ところどころ突き出している。

エゾシカ数十頭分、いや数百頭分はあろうかという骨は、発酵による熱の力で深い焦げ茶色に染まり、八月の酷暑の中だというにもかかわらず、こんもりとした山からは湯気が立ちのぼっている。湯気は風に吹かれて、こちらまで流れてくる。家畜の糞尿が長期間貯め置かれ、増殖したアンモニア臭。腐敗した野生動物の内臓や毛皮から発生する、酸っぱさの混じった饐《す》えた匂い。生物の生きた名残が、蒸発しきらずにゆらゆらと宙に漂っている。堆肥の山から二〇mは離れていたが、それはまるで私の顔の前に存在しているかのように、鼻腔を突き刺してくる。

案内をお願いした自分がいけなかった、と思った。吐き気が止まず、数分しかその場所にいることができない。探すのは、不可能だと思った。

ダンプカー三台分の堆肥。腐敗しきった数百頭分の動物の残骸。それらが混じり合った異臭の山に、ＯＳＯ18の亡骸は埋もれていた。

二〇㎝の前足

翌日、入院していた藤本が、退院することになった。

病院を訪ねると、藤本は抗がん剤の影響で見違えるほどに痩せ、頭髪は抜け落ちていた。

「実際に治療が始まると、やっぱりいろいろなつらい部分も出てきたりして、いろんな副反応とかもあるから。不安っていうのがすごく大きいから、この先どうなるかわかんないからね」

「最初、捕獲の連絡を受けたときってどう思われましたか」

「やっぱり現場に行かないとわかんないことだらけだから、行けないもどかしさっていうのは常にあった。なかなか自分の中で整理つかなくて、ちょっと寝れなかったりもしたね、やっぱりね。どうなって、どういうふうになってあそこに行ったんだとかね」

「これで追跡が終わってよかった、なのか、消化不良な感じが残ってるのか、どっちですか」

「うーん、半々かな。ほっとしてるの半分、だけど、いや、何か俺たちやり残したなっていうの半分。そこはあんまり深くは考えないようにしてる。ただ、ここまでやってきたから、せっかくだったら捕りたかったなっていうのはあるけどね……」

事件が決着してもなお、藤本は病室の中で、ＯＳＯ18について考え続けていた。

そして死体写真に奇妙な点があることに気付いた。

「足がすごい腫れてる、普通の足じゃない。詳細はちょっとよくわかんないんだけど、俺の見立ては、足幅一六から一七㎝だったでしょ。今回、二〇㎝って言ってるでしょ。三㎝のずれがある。写真を見ただけで腫れてるのがわかるし。だから、何かあったのかなクマに、みたいな」

藤本は、ＯＳＯ18の死体写真を取り出した。記者会見で配られた、ジムニーの荷台に積まれたＯＳＯ18の写真である。最初見たときは気付かなかったが、左前足に注目すると、確かに奇妙な形をしている。本来のヒグマの足であれば、肉球がはっきりとわかるはずだが、この写真の左前足は、関節が腫れ上がっており、境目が不明瞭だ（第九章扉写真参照）。

「クマはもともと口の中とかに破傷風の菌だとかをたくさん持ってる動物だから、それが何かの拍子に傷ついたところをなめたりしたら、破傷風がそこから入るから、そういうことがあったのかなっていうのもある」

ＯＳＯ18が何らかの原因で左前足を怪我し、動けなくなっていたのではないかと藤本は考えた。だから牧草地に寝そべり、ハンターが近づいても逃げなかった。前足が二〇㎝だと公表されたのは腫れていた左前足を測ったからではないか。解体場の松野が見た一五、六㎝前後の足は、腫れていないほうの右前足だったのではないか。

だが、その見立ても仮説のまま、永遠に検証することは叶わない。手足はすべて中国人の胃の中なのだ。

藤本はそのことを何よりも悔やんだ。

「とにかく本体がないから、何も検証ができない、もうジビエ料理店で肉になって出ちゃってるなんて、そんなのあり得ない、普通。死体でも何でも本体があって全部きちんと検証しないと解明できないのさ。だから、謎のまんまのクマ。本当はそれを解き明かす役目だったんだけどね、俺たちが……」

その言葉には、行き場のない憤りが混じっていた。ＯＳＯ18を捕らえるだけでなく、その生態の謎を解き明かし、今後同じようなヒグマが出現することを未然に防ぐことこそ、自分自身に与えた使命だったのだ。

藤本はつぶやくように付け加えた。

「大腿骨でも残ってりゃなあ、何食ってたかわかんだけどな……」

「どういうことですか？」

「大腿骨からはね、それまでに食べてきた物の経歴が全部わかるのさ。だから、このヒグマは何をいっぱい食べてたのかとか、全部分析できるんだけど、そんなことすらやってないから、ＯＳＯ18の食性自体も全然解明できないで終わっちゃった」

夜、札幌にいる山森から連絡があった。その日、山森は北海道庁ヒグマ対策室の武田忠義のもとに取材に行っていた。獣医師の資格を持ち、北海道庁の中でも随一のヒグマに詳しい職員である。ＯＳＯ18に関して事後検証ができることがないか、聞きに行っていたのだ。

武田によれば、ヒグマの身体の器官から様々なことが分析できるという。

第四臼歯（牙）からは年齢、肝臓からは個体識別と系統、大腿骨からは栄養状態、成長率、食性を調べられる、という話だった。もしこれらが残っていれば、ＯＳＯ18の生態に関してあらゆる検証をすることができた、と。

悔やんでいた藤本の言葉、武田が言っていたという研究的裏付け、そして解体場で見た光景。それらが頭の中を駆け巡っていた。ＯＳＯ18の亡骸は、あの日見た、ダンプカー三台分の堆肥の中に、確かに埋まっているのだ。肝臓はもう見つからないだろう。

ただ――。

大腿骨であれば、あの異臭の山をひたすら掘り返せば、見つけられないこともないかもしれない。なにせ、三〇〇kgを超えるヒグマの大腿骨なのだ。

思い返してみると、解体場の松野はあの日、重要なことを言っていた。

――この山には、ヒグマではＯＳＯ18しか入ってない。最近、他にヒグマは入荷してないから。あとは全部エゾシカの骨だよ。

強烈な異臭が漂う空間で、話に気を留める余裕がなかったが、その事実をよく考え直してみる。

あそこからヒグマの骨を見つけさえすれば、それはＯＳＯ18の骨、ということになるのだ。エゾシカとヒグマの骨格標本をネットで調べてみる。その太さや大きさは、素人が見ても違いがわかるほど、歴然の差があるように思えた。

もし、あの堆肥の山が廃棄物処理場へ行き、最終処分されてしまえば、ＯＳＯ18の生態は、永遠の謎に閉ざされることになる。今の私にできることは、ただひとつ、強烈な異臭の中に身を浸し、大腿骨の発掘に時間を注ぐことなのではないか。

山森にそう投げかけてみると、番組プロデューサーの意見も聞こうと言った。プロデューサーは、番組の最終責任者であり、私たちの上司でもある。糞尿や腐食した内臓が混じった堆肥には、おびただしい量の細菌が含まれていることが考えられる。そうした環境で作業して万が一のことがあった際に、迷惑はかけられない。

連絡を取ると、すぐにプロデューサーから返信があった。

「その執念は僕は応援しますし、大好きです。テリー伊藤なら恐らくやると思います」

返信を見て、自分の中で覚悟が決まっていくのがわかった。

発掘作業

翌日、私は再び堆肥の前に立っていた。

つなぎ、長靴、スコップ、医療用N95マスク、防護服、ゴーグル、ゴム手袋。道中の釧路市内のホームセンターで買いそろえた道具を携えていた。炎天下、幾重にも纏った着衣の下で、肌着はぐっしょりと濡れている。

前日の夜、解体場の松野に電話し、堆肥を掘り返させてもらえないか懇願した。松野からは「前に無理だって言ったっしょ」と突き放された。そして何度かの押し問答のあと、「そんなにやりたいなら勝手にやりな。俺は協力しないよ」という言葉を引き出すことができたのだ。

防護服に身を包み、スコップを片手に現れた私を前に、松野はまた呆れたように言った。

「そんなので掘り返せるわけないでしょ……」

堆肥の目の前まで連れて行かれ、「やってみな」と言う。

山にスコップを突き刺してみる。だが、まったく刃先が入っていかない。表面だけは柔らかいが、堆肥の奥は石膏のように硬く、まるで歯が立たない。

「発酵すると硬く締まるんだよ。だから人力じゃ絶対に無理だよ」

何度か力を振り絞って突き刺してみるが、結果は同じだった。離れて見ていたときには気付かなかったが、堆肥は信じられないほど硬いのだ。

「はぁ、しょうがないなあ。ちょっと待ってな」

松野がそう言いながら立ち去ると、しばらくして、遠くから轟音が聞こえてきた。松野が運転する作業用重機のパワーショベルが姿を現したのだった。

松野はサイドドアを開けて言った。

「これ使って、地面に細かくばらまくから、そのスコップでより分けて探せばいいでしょ」

重機は勢いよく加速していき、堆肥の山の中へ突っ込んでいった。突き崩された堆肥は、白い煙を上げた。粉塵があちこちに舞い、漂い、凄まじい匂いが風に乗ってこちらまで流れてくる。匂いを防ぐという意味では、N95マスクはまったく効果を発揮しなかった。

高く持ち上げられたひと掬いの堆肥は、重機の先を操る松野の細かな手さばきによって、少しずつ地面にふるい落とされていく。その様子を見ていると、中にはエゾシカの毛皮、白に赤みがかった皮膚、腐った内臓、骨が含まれているのがわかる。それは堆肥というよりも、死体の残骸の塊だった。

そこまでやって作業の手を止めた松野は、重機から降りた。

「やり方わかった？　じゃあ、あとはこの重機を貸してあげるから自分たちでやりな」

ダンプカー三台分の堆肥の中身をひと掬いずつ、すべて確認するには途方もない時間がかかる。何時間もこの作業に付き合う余裕はない、というかのように松野は言った。

「いや……、ただ重機なんて運転したことないですし……」

私は狼狽《うろた》えた。重機の運転席にはいくつものレバーやスイッチがあり、使い方を覚えるだけで丸一日かかりそうだ。それに何より、免許を持っていない。

すると、そのやりとりを横で聞いていた撮影クルーのドライバーが口を開いた。

「ぼく免許持ってますよ」

まさかと思って尋ねると、彼は局のドライバーになる前、自動車教習所で働いており、重機の使い方を指導する教官だったのだという。こんな偶然があるだろうか。彼に操作を頼むと、勢いよく動きだし、堆肥が高く持ち上げられ、細かな動きでふるい落とされていく。松野の操作にまったく引けを取らない、繊細な手さばきだった。私は強運に恵まれた。これでなんとか作業を続けることができる――。

地面にばらまかれた堆肥と残骸の塊は、未だに硬くまとまっていたが、なんとかスコップでより分けていくことができた。毛皮と堆肥はくっついて膠着しており、その塊の間に骨がまばらに潜んでいる。ただ、見つかるのはエゾシカのものと思われる細い骨ばかりだ。

重機ひと掬い分の堆肥をより分けていくだけでも、一〇分はかかる。汗が全身から噴き出し、マスクとゴーグルで覆われた顔は火照っていく。暑さに耐えきれず、マスクを外すと、異臭が直接鼻を突き、嗚咽が止まらない。

見つからなければ、ふるい落としてくれたひとまとまりを重機で脇によけてもらい、また新たなひと掬いをふるい落としてもらう。その間に、堆肥から離れたところでマスクとゴーグルを外し、一息つく。そしてまた装着し、スコップと手作業でより分けていく。その作業の繰り返しだった。


気付けば、作業を開始してからもう四時間が経過している。さすがに疲労が蓄積し、頭がくらくらとしてきた。このひと掬い分が終わったら、一度長い休憩に入ろう。

そのときのことだった。

毛皮と堆肥の隙間に、奇妙な形をした塊があった。

これはなんだろう——。

引っ張ろうとして手で触れると、糞尿のぬめり気を感じ、発酵による熱で異様に熱い。ずっしりと重い。勢いよく引っ張ると、こびりついていた糞がぼとぼとと落ち、それは徐々に姿を現した。

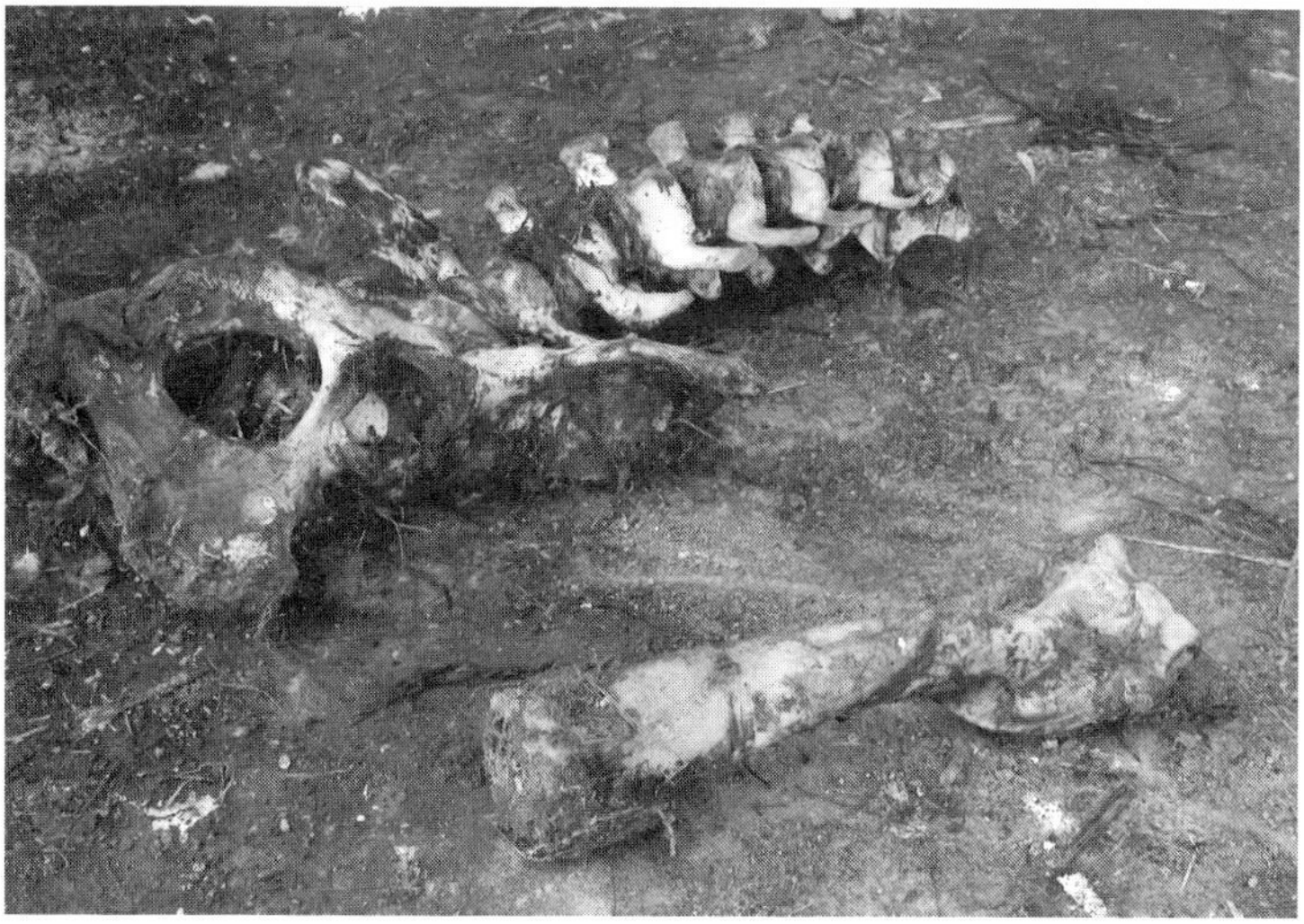

ようやく発見したOSO18の骨

大型動物の脊椎だった。縦の太い骨に対して垂直に、横の骨が何本も連なっている。それまでの四時間で何百と見てきたエゾシカの骨とは、まるで違う大きさだった。

絶対にヒグマだ――。心臓の鼓動が速まっていく。

辺りを見回すと、異様な太さの、大腿骨のような形をした骨もあった。

堆肥場を離れて休憩していた松野を呼びよせた。

「これクマでしょうか？」

「クマだ！」

「間違いなくクマですか？」

「うん」

以前言っていたとおり、ヒグマの残渣は、七月三〇日に捕れた一頭分しかこの堆肥の中に捨てていない。間違いなく、ＯＳＯ18の骨だ。

取材を始めてから一年一〇ヵ月、まったく予期せぬ形で、ＯＳＯ18と対面することになった。

骨からは、まだ湯気が立ちのぼっていた。手に取り、持ち上げてみる。ゴム手袋を通して伝わってくる温度は、人の体温と妙に似ていた。なぜか、まだ生きているように感じられた。死後も残り続ける、奇妙な生命力を感じずにはいられなかった。

第二章 怪物の実像

発見したＯＳＯ18の骨を削り分析する

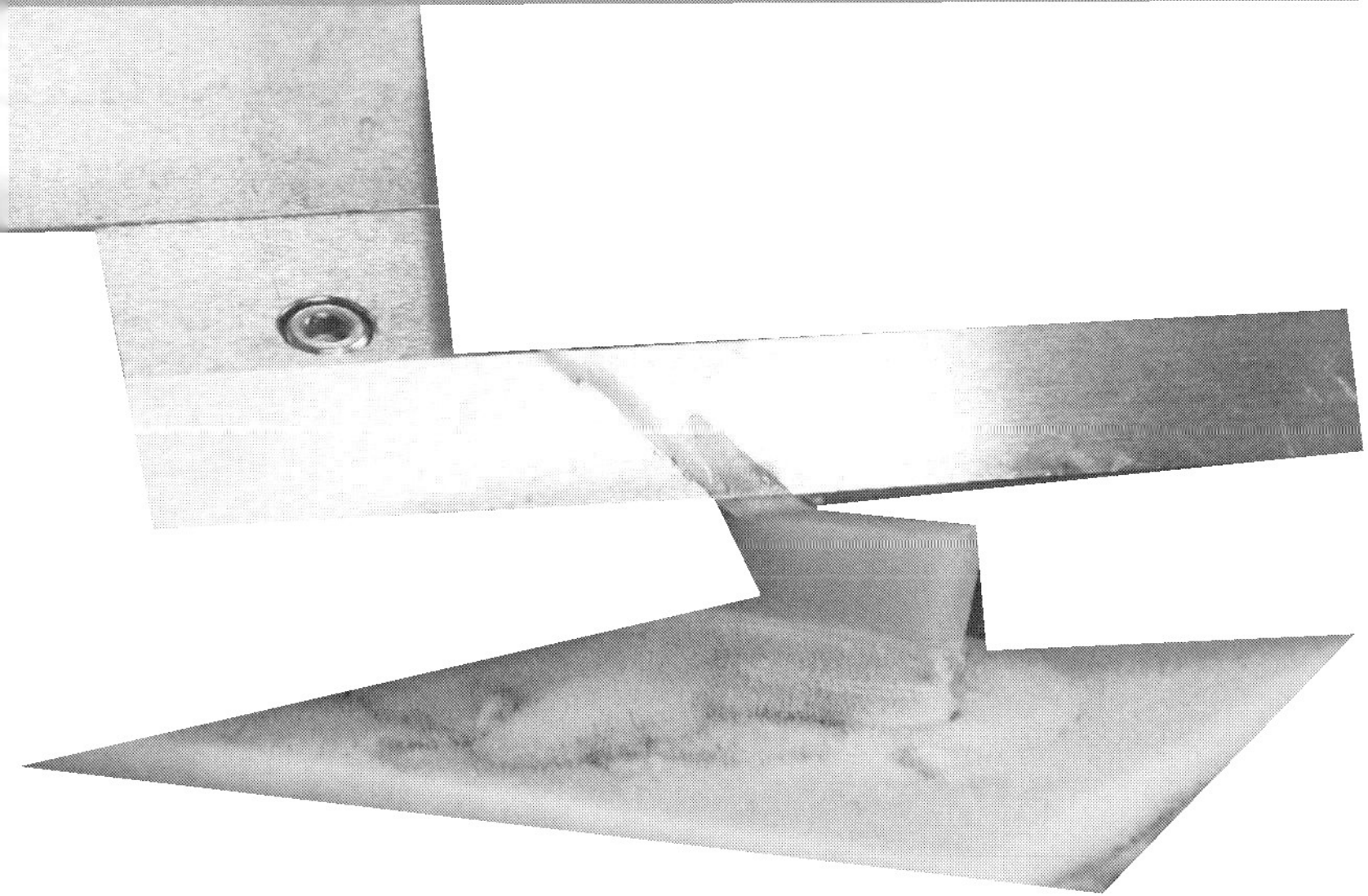

骨の分析［山森］

有元が発掘してきた骨の調査は、研究者取材を行ってきた私の役割だった。大腿骨からは、次の三つがわかるとされていた。

・骨に含まれる炭素や窒素の同位体比から、肉食や草食など食性の傾向
・骨髄への脂肪の蓄積から、栄養状態
・歯から確認できる年齢と、大腿骨との比較から、成長率（成長具合）

骨が発見された現場の状態から考えて、骨髄脂肪は熱によって変質している可能性が高く、望みは薄かった。だが、骨に含まれる同位体は、時間を経ても取り出しやすい。同位体とは、中性子の数が異なる原子のこと。ヒグマが好む木の実や山菜、デントコーンやエゾシカなどで、炭素や窒素の同位体がどれくらい含まれているかは異なり、たとえば、デントコ

ーンばかりを食べているヒグマなら、骨の同位体比はデントコーンの数値に近づくことになる。そうして、そのヒグマのおおよその食性傾向を骨が教えてくれるのだ。同位体を調査するにあたっては、ヒグマの骨そのものだけでなく、植物（木の実やデントコーンなど）、動物（エゾシカやアリ）のデータも必要になるが、その数値があるなら、ＯＳＯ18のデータさえとることができれば、比較は可能だ。骨発見の一報を受けて、グーグルスカラーで検索したところ、北海道のヒグマの骨に含まれる同位体から食性を明らかにした、先行研究があることもわかった。

具体的な調査については、これまでも取材をさせてもらってきた北海道庁の付属機関・道総研に相談するのが、順当な道筋だった。担当の釣賀一二三は取材に協力的で、ＯＳＯ18のＤＮＡ調査など重要な取材をこれまでにも受けてくれていた。北海道大学の坪田敏男教授にも相談したが、「うちでもできなくはないんですけど、ＯＳＯ18は、道総研の釣賀さんの担当ですから、まずはそちらに訊いてもらうのがよいのではないでしょうか」と話してくれた。見つけた骨を提供することができれば、ただただ研究成果を教えていただくだけでなく、ＮＨＫとしても役に立つことができる。釣賀のもとを訪ねたとき、私は、やや意気込んですらいた。

ところが、釣賀の反応は厳しいものだった。「骨、よく見つけられましたね」と最初は話してくれたものの、「うちもあの場所には行ったんですよ。でも、骨を掘り返すには重機を使わないといけないと言われて、NHKさんと違って予算がないので諦めたんです」と言う。「偶然なんですが、現場に行ったロケバスの車両さんが、あの重機の免許をお持ちで、力を貸してくださったんです」と答えたところ、釣賀は「運がよかったですね」と口にした。

釣賀は、次の問題点を指摘した。

・その骨が、本当にOSO18のものだと、どうして確かめられるのか。他のヒグマの骨と、取り違えている可能性が排除できないのではないか。
・確実にOSO18のものだと言える体毛や牙がハンターから提供された。食性調査はそれで十分ではないか。不確かな情報を行政として公表する積極的な理由がないように思う。
・骨髄脂肪は、熱によって、すでに検証できない可能性が高いのではないか。

三つ目の点は、予想できていた。だが、一つ目、二つ目の指摘に対して、私はいかんとも返答することができなかった。確かに、OSO18の骨だと確実に言えない以上、公的機関として急いで調査を行う必要はなかった。「ほかのヒグマはその場所に入れていない」という解体業者の松野の証言だけでは、厳密さを完全に担保できないことはわかっていた。
さらに、釣賀はこう重ねた。

「状況証拠から言って、おそらく、その骨はＯＳＯ18のものなのだと思います。我々も協力したいです。ただ、不確かなデータをメディアで公表することに、公的機関として協力する価値があるかどうか、検討が必要です。また、人員が限られているため、山森さんのほしいタイミングまでに調査することは、現実的に難しいと思います」

帰り道、私は途方に暮れていた。このままでは、「骨を見つけた。だが、詳しいことは、それ以上わからなかった。ＯＳＯ18の謎は続く」としか言えない。放送までに時間はあるものの、せっかくの発見を十分にいかせそうにないことは、明らかだった。

数日後、私は、北大の坪田敏男、下鶴倫人《しもづるみちと》に時間をもらい、率直に、調査が行き詰まっていることを相談した。「確かに、言われてみれば、釣賀さんのおっしゃることももっともですね。道庁さんとして、その調査はできないというのは、よくわかります」と坪田は言う。「北大でもできなくはないんですが、すぐに準備はできないんですよね」と重ねる坪田の横で、下鶴が、こう言った。

「松林さんが、同位体から食性分析をする研究をされているので、一度、あたってみたらどうですか？」

松林さんとは、骨発見の一報を受けた直後に、グーグルスカラーで見つけた先行研究を主導していた松林順のことだった。研究者の情報が集まるｒｅｓｅａｒｃｈｍａｐによると、松林は、北大の出身。その後、いくつかの研究機関を経て、現在は福井県立大学の海洋生物資源学部に所属していた。ヒグマのような陸上生物ではなく、海洋生物の調査が、いまの主たる調査対象であるようだったが、すぐに連絡できずにいたのは、研究者同士の関係性が心配だったためだ。釣賀が、発見した骨について一片の疑問を持っている以上、年若い研究者である松林が調べること自体に無理があるかもしれない。仮に調べてくれたとして、その骨がＯＳＯ18のものだと言えるのかという批判が、松林に寄せられるかもしれない。ディレクターの私が批判されるのならよいが、研究者の世界に迂闊に足を踏み入れることで、迷惑をかけることは避けなければならなかった。

その杞憂と逡巡が、下鶴のひと言で晴れた。下鶴は、こう付け加えてくれた。

「せっかく見つけたものなので、調べないともったいないですよ。調べたいなら、訊いてみればいいはずです」

坪田も、後押ししてくれた。

職場に戻った私は、松林へ取材協力の依頼メールを送った。九月一一日の一六時九分だった。一七分後、返事があった。そこには、このように記されていた。

福井県立大学の松林と申します。本件、ご連絡いただきありがとうございます。

ＯＳＯ18については、当方も大変興味深く注視しておりました。

こちらでもニュース等で駆除の時の様子を調べておりまして、たぶん検体は残ってなさそうだなと思っておりましたが、大腿骨を入手されたとのことで大変興味深い試料になり得ると思います。

こちらは最近ではヒグマの研究からやや離れてしまっていることもありどこまで協力できるかは不透明ですが、お電話等でお話をする分にはまったく問題ありません。

OSO18を仕留めた男

骨の分析をすすめると同時に、私は、OSO18を撃ったハンターへの取材を続けていた。あのOSO18を仕留めたのだから、一部始終を詳しくききたかった。

捕獲が明らかになった時点では、撃ったハンターは、四〇代の釧路町職員だということしか明かされず、取材は自粛するよう釧路総合振興局から要請が出ていた。だが、ほどなくして捕獲時の写真が手に入り、身元もすぐにわかった。

OSO18捕獲のプロセスには、いくつか疑問があった。多くの自治体では、ヒグマの有害鳥獣捕獲は危険なため、ひとりのハンターで行うことはない。だが、その釧路町職員は、たったひとりで捕獲の判断を行い、銃で仕留めていた。しかも、捕獲後、すぐに解体場に持ち込み、肉を売っていた。頭は剥製にしようとしたが、銃弾で潰れていたため断念し、牙だけを持ち帰ったという。その牙は、のちに道総研に提供されることになるが、そもそも、北海道ではヒグマを捕獲すると、牙（下顎第四前臼歯）、大腿骨、肝臓を、検体として道総研に送付する努力義務がある。町の職員であるにもかかわらず、その義務を果たしていなかったことで、ＯＳＯ18の詳細な分析ができなくなっていた。標茶町や厚岸町であれば、誰が捕獲していても、亡骸は残していたはずだった。

ハンターは標茶の出身で、猟友会の後藤勲がよく知っているときき、後藤を介して取材を試みたが、撮影は断られた。だが、釧路町に相談すると、書面でなら質問に回答するという。私が一三の質問をしたためて送ると、丁寧な回答が返ってきた。その内容をもとにすると、ＯＳＯ18の最期は、次のようなものだった。


七月二八日、エゾシカ駆除のパトロールでオタクパウシ地区をまわっていた。夕方六時、一頭のヒグマが道路と牧草地を横断し、森に逃げていくのを目撃した。

七月二九日も、エゾシカ駆除のパトロールに出たが、ヒグマの姿は見なかった。

七月三〇日は、薄曇りの蒸し暑い日だった。早朝、エゾシカ駆除に出て、オタクパウシから海岸線のほうへ移動していたところ、牛も馬も放たれていない、からっぽの放牧地を歩くヒグマを発見した。車を停めて様子を見ていたが、逃げる様子はなく、時折立ち止まり、振り返ってはハンターのほうを見ていた。ふらついたりしていたわけではなく、その様子に違和感はなかった。

取付道路から放牧地に入り、車で接近しても、ヒグマは逃げようとせずにハンターを見ていた。そのうち、ヒグマは、その場で伏せて休みだした。牧草に顔をうずめたり、頭を持ち上げてこちらを見たりするが、たいていのヒグマは車が近付けば森に逃げるのに対して、人間を気にする様子はなかった。

放牧地に出現したそのヒグマは有害個体にあたると判断し、ハンターが銃を取り出した。距離は七〇〜八〇mあった。まず、首に一発。ヒグマは倒れるが、まだ動いていた。次に、頭に二発目。反射なのか、まだ動いている。そして、頭に三発目。完全に動きが止まった。動きがなくなったあと、近付いて確認すると、毛づやが悪く、毛量も少なかった。左頰のあたりに、四ヵ所、何かが刺さったような赤い傷があった。その場で、体長と足幅を計測したところ、それぞれ二m一〇cm、二〇cm。自分の車では大きなヒグマを運搬することができなかったため、懇意にするハンターに連絡し、その車で松野の解体場まで運搬した。体重はそこで計測し、三三〇kgだった。なお、そのハンターは、努力義務である検体提供は負担が大きいため、最初から遵守するつもりがなかったという。

あまりにあっけない死だった。警戒する様子も、抵抗する様子もない。赤石ら熟練のハンターが追い続けても姿さえ見せなかったのに、ヒグマを撃ったことのないハンターのなすがまま、三発の銃弾を撃たれ、OSO18は死んだ。明らかに、弱っていたようだった。

老いの可能性もあると想定したが、ちょうど道総研が、ハンターが提供した牙の分析からＯＳＯ18の年齢を割り出していた。それによると、死亡時に九歳六ヵ月。長ければ二〇〜三〇歳くらいまで生きるヒグマだが、オスの活動のピークは一一歳から一三歳くらいだと言われる。ＯＳＯ18は、人間にたとえると三〇代くらいで、老いの線は消えることになった。

では、ＯＳＯ18に一体何があったのか。

骨が教えてくれるもの

その疑問に答えてくれたのが松林順だった。

北大農学部で学部と修士課程を過ごした松林は、当時から、ヒグマの食性分析に興味を持っていた。京都大学の博士課程にいた二〇一四年には、知床のヒグマの食性を分析した共同論文を発表。意外にも、ヒグマがサケをそれほど食べていないことを解明した。さらに、二〇一五年には、北海道のヒグマの食性を、過去二〇〇〇年にわたって分析。明治期の開拓以降、ヒグマの食性が大きく草食に傾いていることを明らかにしていた。二〇二三年に福井県立大学に職を得てからは、海洋生物に研究の重心を移しつつあったが、かつての研究の過程で得た、ヒグマが食べる動植物の豊富なデータを手元に残していた。

ＯＳＯ18の骨の分析は、京都にある総合地球環境学研究所、通称・地球研で行われていた。すでに決まっていた番組の放送日までを考えると、非常にタイトなスケジュールだったが、松林の師匠にあたる陀安《たやす》一郎をはじめ、特殊なヒグマの骨を分析すること自体を面白がる自由な空気が、洛北の森に抱かれた地球研の瀟洒な施設のなかに漂っていた。

松林の手法は、こういうものだ。まず、骨を水酸化ナトリウムできれいに洗い、塩酸に浸けて柔らかくする。それを切り出して、コラーゲン(タンパク質)を取り出し、そこに含まれる炭素や窒素の同位体比を分析し、食性を割り出す。しかも、年輪のように成長する骨の特徴を鑑みると、おおよその年齢ごとの食性までわかる。九歳六ヵ月で亡くなったOSO18の場合、四歳から八歳までのデータがわかることになる。

当初、大腿骨だとみられた骨が、実は上腕骨だと判明する思い違いはあったが、分析に大きな影響はないと松林は判断。九月二七日の夜、測定を開始すると、松林と私は固唾をのんで、結果を待った。しばらくして出てきたデータを見たとき、冷静な松林も「これは面白い値ですね」と漏らした。

数値は、驚くべきことを示していた。一般的なヒグマは、果実や草本類を主食にしているのに対して、OSO18の食性は、著しく肉食に傾いていた。しかも、骨を形成するタンパク質が、エゾシカや乳牛に由来することを強く示唆する値だった。両者を主に食べていたことを、骨は明確に教えてくれたのだ。

松林はこう言った。

「多くのヒグマは、フキやセリ、ドングリやヤマブドウを食べて、タンパク源としていま

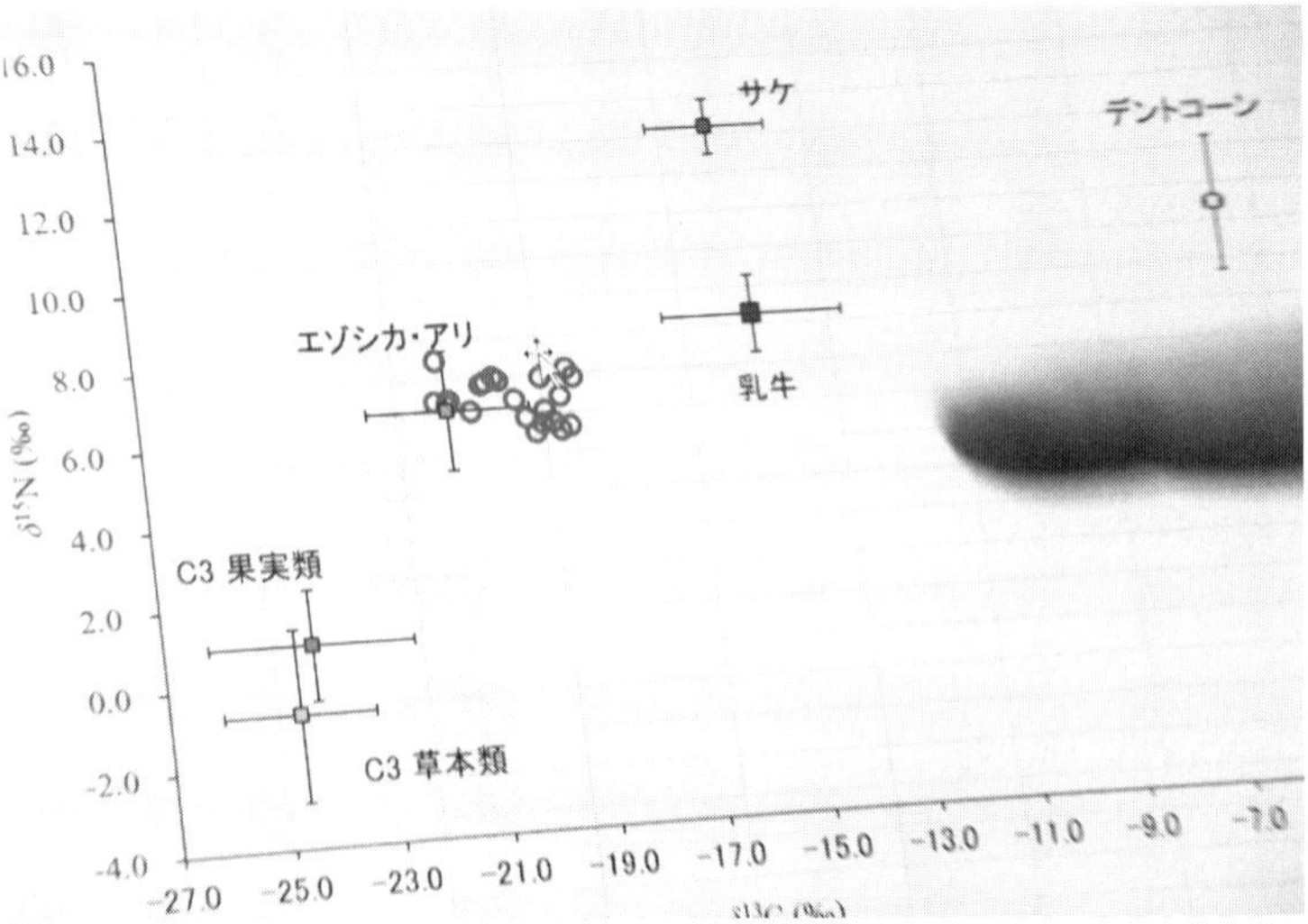

OSO18の骨の同位体比は、エゾシカと乳牛の値に常に近かった

す。それに対して、ＯＳＯ18の数値は、かなり動物質寄りです。草本類や果実類は、タンパク源になるほどには食べていないということですね。標茶のヒグマはサケを食べませんが、サケを食べない地域のヒグマで、これだけ動物質のみに強く依存して生きてきた個体というのは、これまでのデータではあまりなかったと言えると思います」

特異なのはそれだけではなかった。年齢ごとのデータからは、四歳から八歳までの間、常に肉を食べていたことがわかった。

「時系列のどの時点を見ても、エゾシカと乳牛の間のあたりに数値があります。上腕骨が大腿骨と同じような成長過程だったと仮定すると、四歳から八歳ぐらいまでの期間は、いつも動物質、エゾシカに強く依存していただろうと言えると思います。おそらくエゾシカに執着してきた個体だと思います」
九歳六ヵ月で亡くなったＯＳＯ18が、最初に牛を襲い始めたのは四年前の五歳五ヵ月。つまり、牛を襲い始める前から、肉を食らい、肉に強く依存していたことになる。きわめて肉食に偏った個体、それがＯＳＯ18だった。

ライバルヒグマとの争い

標茶町役場の宮澤匠に頼んでいた、トレイルカメラの映像や写真をすべて入手できたのは、九月の下旬だった。カメラは、藤本がＯＳＯ18のねぐらだと予想していた厚岸町上尾幌の国有林に近く、標茶町内でも被害が集中していた阿歴内と茶安別に仕掛けられていた。それぞれの地区に八台、あわせて一六台。提供されたのは一六台が捉えた五月一日からＯＳＯ18が捕獲される直前の七月二八日までのデータ。例年なら、そのエリアで牛をほしいままに襲う時期のはずだった。

だが今年、森のカメラは、まったく違う様子を記録していた。以下がその詳細である。日付は撮影日、カメラ番号は役場がつけたもの。オスＡ、Ｂ、Ｃ……とふりわけたのは、体毛のＤＮＡ検査で判明した個体識別をもとにしている。最後のカッコ内は、標茶町役場の宮澤たちが、現場調査や映像から得た所見だ。

5月

・5月1日／茶安別カメラ7　オスA（体高1・1〜1・2メートル、足跡16〜17センチ）
・5月9日／茶安別カメラ2　オスB（足跡16〜17センチ）
・5月20日／茶安別カメラ2　オスA（体高1メートル程度）
・5月21日／茶安別カメラ2　オスB（体高1メートル程度）
・5月27日／茶安別カメラ7　オスA（体高1・1メートル、立ち上がった際の体長2・2メートル）

6月

・6月21日／阿歴内カメラ8　オスC（超大型）
・6月25日／茶安別カメラ7　OSO18

7月

・7月7日／阿歴内カメラ4　オスA（足跡16センチ）
・7月8日／阿歴内カメラ1　オスD（足跡15センチ）
・7月15日／阿歴内カメラ8　オスE（体高1・1〜1・2メートル）
・7月15日／阿歴内カメラ8　オスF（体高1・1〜1・2メートル）
・7月17日／阿歴内カメラ4　オスA（体高1・0〜1・1メートル）
・7月19日／阿歴内カメラ6　オスA（大型）

・7月22日／阿歴内カメラ8　オスF（大型）

ひときわ目立つのは、五月から七月まで、何度も現れるオスA。飛び抜けて大きくはないが、OSO18と同じくらいのサイズで、例年の行動圏を我が物にしていた。さらに、六月二一日に「阿歴内カメラ8」が捉えたオスCは超大型で、明らかにOSO18を超えていた。

ヒグマたちの行動を地図に落とし込んでみると、それまでと異なる状況が一段とはっきりしてきた。毎年夏、OSO18が最も牛を襲ってきた茶安別と阿歴内を、少なくとも六頭のオスが、行き来している。いわば、オスヒグマの密集が起きていたのだ。

さらにカメラは、メスのヒグマも捉えていた。たとえば、OSO18が姿を見せた「茶安別カメラ7」は、子連れのメスを、六月一五日、二三日、七月八日、一四日、一七日の五回捉えている。さらに、単独行動の小型のヒグマも数多く映っていた。オスかメスか区別できないものの、何頭も撮影されていたため、メスも確実に含まれているとみられた。

五〜七月は、ヒグマの繁殖期にあたる。こうしたメスをめぐって、オス同士がライバルとして争う可能性は十分に考えられた。

現場周辺で目撃証言を集めながら、二〇二三年のOSO18の行動を改めてトレースした。

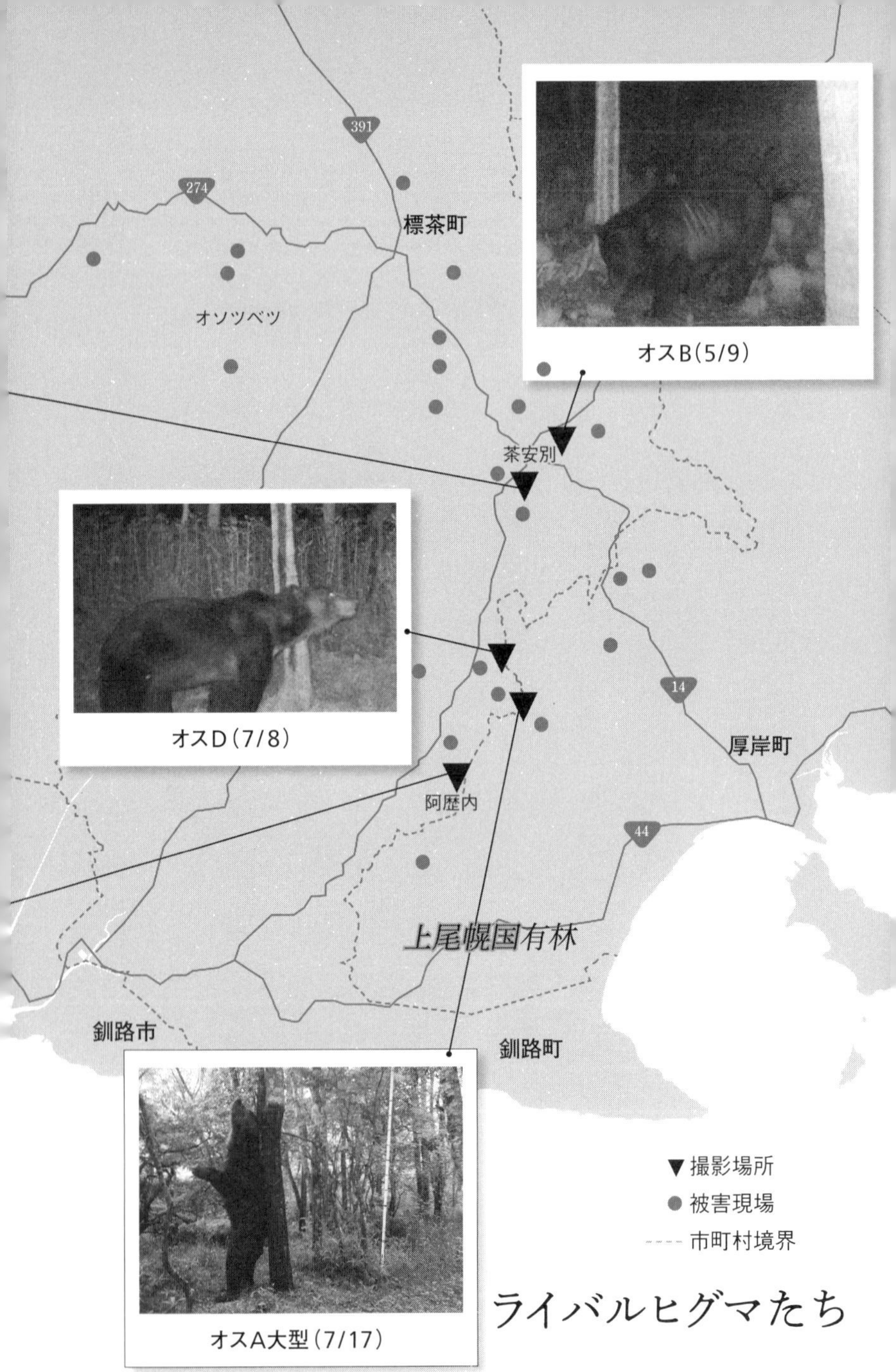
391
274
標茶町
オソツベツ
オスB(5/9)
茶安別
オスD(7/8)
14
厚岸町
阿歴内
44
上尾幌国有林
釧路市
釧路町
オスA大型(7/17)
▼撮影場所
●被害現場
市町村境界

ライバルヒグマたち

OSO18（6/25）

オスF大型（7/22）

オスE（7/15）

オスC超大型（6/21）

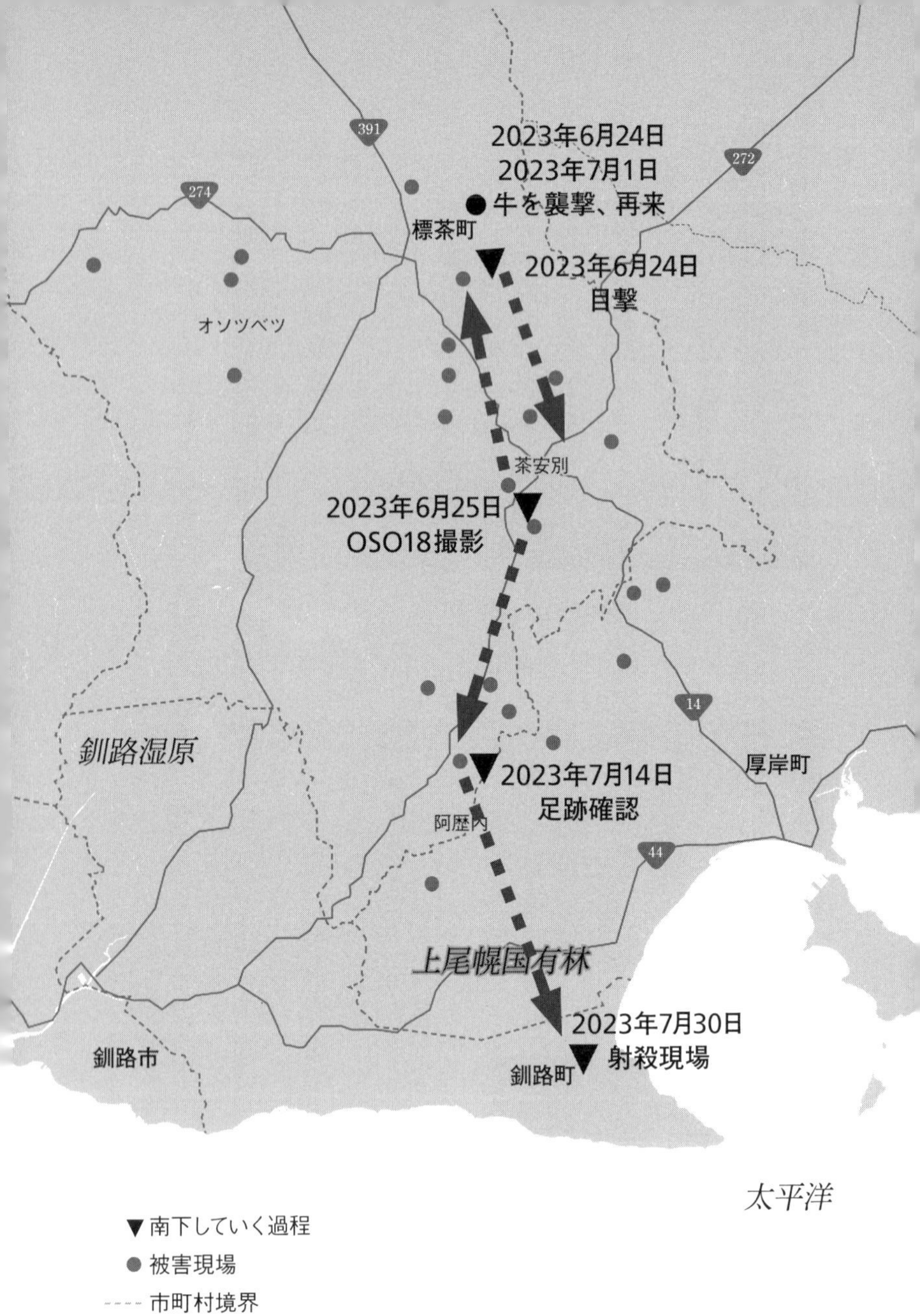
391
272
274
14
44
2023年6月24日
2023年7月1日
牛を襲撃、再来
標茶町
2023年6月24日
目撃
オソツベツ
茶安別
2023年6月25日
OSO18撮影
釧路湿原
2023年7月14日
足跡確認
厚岸町
阿歴内
上尾幌国有林
2023年7月30日
射殺現場
釧路市
釧路町
太平洋
▼南下していく過程
● 被害現場
市町村境界

最後の足取り

六月二四日午前九時

上茶安別牧野で牛の死骸を発見。真新しい様子から、襲撃は早朝だと思われた。

同日午前一〇時

上茶安別牧野から南に二kmの地点で、ＯＳＯ18とみられるヒグマが走り去る姿を、酪農家・村上圭磨が目撃。軽トラに乗って牧野へ被害を確認しにいく途中だった。

「速かったんだわ、とにかく。背中を丸めて、走っていった。軽トラの音が聞こえたから、それに驚いてバーッと逃げたんだと思う。毛づやはよくなかった。牧野に行って、集まっていた仲間に、いまクマ見たわって話したら、『そんなに遠くに行くわけねえべ』って言われたんだけど、後になって、やっぱりあれＯＳＯだったかもしんないって話になった。なにか、人間をおっかながってる気がしたな」

六月二五日午前六時

さらに南に八kmくだった地点で、背こすりする様子をトレイルカメラが撮影。体毛のＤＮＡからＯＳＯ18と確認された。警戒心の強いＯＳＯ18が初めて日中に捉えられた。

七月一日夜一〇時過ぎ

上茶安別牧野に再来する様子がトレイルカメラで捉えられた。

七月一四日

東阿歴内牧野でＯＳＯ18のものとみられるヒグマの足跡を藤本たちが発見。

七月三〇日午前五時

釧路町オタクパウシで捕獲。

六月二四日に上茶安別牧野で牛を襲ったあと、ＯＳＯ18は七月一日に一度、その現場に戻ったが、それ以外の痕跡は、ひたすら南へ向かっていたことを示していた。ほかのオスのヒグマが密集する森を通って、まるでライバルから逃げるように、南下していたのだ。例年の行動圏を通りながらこの間、牛は一頭も襲っていなかった。

なぜＯＳＯ18は牛を襲わなかったのか。あるいは襲えなかったのか。

野性を奪われたヒグマ

松林の分析結果と、標茶町役場のトレイルカメラの記録を持って北大の坪田敏男のもとを訪ねた。二つの事実を見た坪田は、驚きを隠さなかった。

「同位体比分析は、衝撃的な結果のような気がします。ヒグマは、八割から九割は草や果実のような植物質のものを食べる動物ですが、四歳から八歳まで、すべてのデータがそこから外れているというのは、普通では考えにくい結果です」

坪田によれば、ヒグマにとって、四歳とは、母親から離れて、独り立ちしていく年齢にあたる。通常は、春から夏にかけては草を食べること、秋には果実を食べることなどを、母から学ぶはずだが、ＯＳＯ18はそうした学習を捨てて、エゾシカを食べるほうに傾いていったことを、結果は示唆しているという。

坪田は、その背景に、エゾシカの爆発的な増加があると指摘した。温暖化がすすみ越冬しやすくなったこと、牧草の品種改良で栄養価があがったことなど理由は多岐にわたるが、数が増えるほど死骸も増える。それを、幼い頃から食べ続け、肉食に傾いていったのではないかという。

「エゾシカの放置された死体を食べるなどして肉食に傾いていってしまった。そういうことを窺わせるようなデータなんじゃないかなと思います。結果が、草本だとか果実に少し動いてもよさそうなんですけども、それがまったくなかったということは、クマの進化の中で考えるとやはり異常な結果です」

ヒグマは、安定して手に入る植物を主食とするよう数十万年をかけて進化し、生き延びてきた。その進化の過程を考えると、きわめて異常な事態が起きていた。

さらに、オス同士の争いについては、こう語った。

「結局けんかですので、強いやつと弱いやつがいるなかで、強い者が勝って交尾相手をものにすることになるはずです。ＯＳＯ18も、本来の行動圏にはもっと強い優位なオスがいて、繁殖に参加してそこを陣取っていたんだと思います。そこからはじき出されるように自分の本来の行動圏とは違うところに移動していた可能性は、もちろんあると思います」

怪物ではなかったOSO18は、強いヒグマですらなかった。むしろ弱かった。

これから生物としてのピークを迎える九歳六ヵ月の若さでありながら、大型のほかのオスのヒグマとの争いに敗れ、逃れるほどに。

その原因は何だったのか。

坪田は、植物食を中心に進化してきたにもかかわらず、あまりに肉食に偏ると身体に悪影響が出てもおかしくないと、指摘した。だとすると、OSO18は、もう牛を襲えなかったのだ。弱り、ライバルヒグマに敗れて傷つき（左頬の四つの赤い傷は、けんかでやられた痕だったのだろう）、本来の行動圏を逃れた末に、ぼろぼろになっていたところをあっけなく仕留められていたのだ。

ヒグマ研究の第一人者である坪田は、穏やかに、だが、どこか憂いを帯びた表情で、こう言った。

「ヒグマは、いったん肉食を学習してしまうと、それをずっと繰り返して執着してしまう、行動が変わってしまう動物です。ですから、そこから抜け出せなくなってしまって自然本来の行動を失ってしまったのかもしれません。これがもし人の手によってそうなったんだとしたらこのクマは非常に不幸なクマだったと思います。野性味を奪われた、クマの自然本来の生き方を奪われたヒグマなのですから」

第二章 名前を持たなかったヒグマ

東京・日本橋人形町のジビエレストランで供されたOSO18の鍋

第二のＯＳＯ18［有元］

牛肉が網の上でジュージューと音をたて、食欲を刺激する匂いを漂わせている。

藤本が退院してから一週間後の二〇二三年八月三一日。ＯＳＯ18特別対策班の最後の会合が、中標津町の焼き肉店で開かれていた。

「じゃあ皆さん、ご苦労さんでした。長かった一年半の追跡が終わって、今日は打ち上げっていうことで、みんなでおいしい、ＯＳＯ18じゃない肉を食べたいと思います」

藤本はそう言って、仲間たちの笑いを誘った。乾杯を終え、それぞれのテーブルにある七輪でサガリ、ロース、カルビなどが焼かれていった。

藤本が箸をおき、仲間たちに語り始める。

「あれは本当特殊なクマだった。あんなクマ、いねえもん、ほかに。ＯＳＯ18の最大の特徴は普通のクマみたいに、セリも食わないフキも食わない何も食わない。俺はこの一年半、ずっと跡を全部見て、（赤石と）二人で見て、一つも食ってないんだから、草花を。完全なる肉食だ」

私はメンバーに質問をして回った。自分たちで捕れなかったことの悔しさはありますか、と。

元小学校教師で、一八年前に北海道へ移住してきた黒渕があっけらかんと言う。

「いや、悔しさっていうか、まあこういう形で終わっても捕れたから、これはもう万々歳なんじゃないんですか、と思う」

自らも牧場を営む松田が冷静な口調で言う。

「確かに悔しい気持ちもあるけど、でも駆除と狩猟は別だから。狩猟の場合は楽しみとか醍醐味だとか、捕った後の肉だとか、そういう目的があるけど、駆除の場合は殺すことが目的です。だから、きちっと分けて考えなければ、駆除は仕事だから。だから、捕りたかったとか、いろんな思いっていうのはやっぱりあるけども、そこはやっぱり駆除と狩猟の大きな違いっていうことが思うところだね」

札幌近郊で暮らしながら毎週のように片道六時間をかけて捜索に通った関本は、強い口調で語り始める。

「僕はもう第二、第三のＯＳＯ18は出てくると思ってるから。いまの状況であのまま野放しにしてると絶対出てくる。何かの対策をやらなきゃいけない。だってヒグマ自体が肉食になってるんだから。肉食になっていくのを野放しにしといて、お腹が空いたらね、牛でも捕って食べようかっていうことになるよ。僕らが調べ歩いただけでもさ、OSO18よりも強いクマがいるんだから、大きいクマが。そのクマは辛うじて牛は襲ったりしないから助かってるけども、でもいつ牛を襲うようになるかは誰にもわからない」

関本の言うことがすでに現実化し始めていることを示す映像が、この年の被害現場に設置したトレイルカメラに映っていた。

六月二四日、OSO18が最後に牛を襲った際、藤本と赤石が仕掛けたカメラである。OSO18をおびき出す作戦として牛の死体をその場に残置し、再来を待ったところ、OSO18らしきヒグマが死体を引っ張って行く姿が映っていた。

実は、その二日前にも、カメラは反応していた。

OSO18よりもはるかに小柄で、まだ若いヒグマが、牛の死体のもとへ先にやってきていたのだ。そのヒグマは、ワイヤーで木にくくりつけられた牛の死体へゆっくりと近づいていき、太ももの部分を口に咥え、皮を引っ張り、足から肉をちぎりとり、むしゃむしゃと食べ続けていた。

この若いヒグマもまた、肉の味を覚え、そこから抜け出せなくなっていくのかもしれない。

焼肉を食べ終え、仲間たちの話を聞いていた赤石が、ぼそっとつぶやく。

「人間がつくってしまったクマだから。すっかりつくり上げてしまった——」

テーブルに所狭しと並べられていた牛肉は、すっかりと平らげられていた。網の上には、焦げついた野菜の切れ端だけが残っていた。

死への道を辿る

ＯＳＯ18特別対策班が解散した後、九月に入ってから、藤本はひとりでＯＳＯ18が最期の一ヵ月に歩んだルートを辿っていた。

ＯＳＯ18は、六月二四日に最後の一頭を襲った後、他のオスグマから逃げるようにひたすら南下していた。翌六月二五日に南へ一〇km離れた場所で初めて日中に姿を捉えられ、七月一四日にはさらに一三km南の地点に足跡が残されていた。七月三〇日に射殺されたオタクパウシは、そこからさらに南へ一三kmの地点にある。その途中では、夜も車通りの多い国道四四号線を横断しなければならない。

交通量の多い国道の、どのポイントを横断したのか、なぜわざわざ人間に目撃される危険を冒してまで南へ向かう必要があったのか、四四号線を車で走りながら藤本は答えを探していた。

「すごい車の量だよな。ここ渡ったんだからすごいよな」

釧路から根室まで東西に延びる、総延長一三七・七㎞の一般国道だ。車で走ると、道路に沿って高さ二mほどのフェンスが、どこまでも果てしなく続いているのがわかる。エゾシカが道路に飛び出してくるのを防ぐためのフェンスだ。

北海道内の路線別で集計したエゾシカによる交通事故発生件数で、四四号線は突出して最多を記録している。それは、全体の一割を超える件数だ。

「とにかく海が近くて雪が少ないから、この辺は越冬場所になってる。道東中のシカが集まるっていってもおかしくないぐらいの場所だからね。こっちの太平洋沿いは」

話しているとき、藤本が何かに目を留めた。

「これだ！」

道路脇のフェンスがぐしゃぐしゃに壊れていた。何者かがよじ登り、その重みで壊れたような状態だった。

「ＯＳＯ18かもしれないな。何かかなり重たいものがぎゅっと下げたとしか言いようがない。見た目的には、ヒグマのオスの成獣じゃないとこんなふうにならない」

国道の南側のオタクパウシ方面に広がる牧草地一帯を、二〇～三〇頭規模のエゾシカの群れが駆けていた。

壊れたフェンスが見つかった地点から三㎞南下したところに、射殺現場はある。そこからさらに南へ進むと、太平洋に突き出した半島に出る。突端には、断崖が切り立ち、波が飛沫を上げて打ちつけている。この半島は、尾幌鳥獣保護区と定められ、エゾシカをはじめとする多様な野生動物が守られてきた区域だ。

「ＯＳＯ18の気持ちになって考えたら、とにかくお腹が空いてたんだと思う。あれだけ肉食化してしまってるから、肉を求めてずっと歩く。一番簡単に手に入りやすいのは、エゾシカの肉。もうお腹が減り過ぎてて、生きた牛を襲えなくて、シカの肉をずっと探しながらさまよって歩いてたんじゃないかな。もし大きなクマがいつものエリアにきたら、ＯＳＯ18としては、なかなか入っていけない状態になると。まして、九歳六ヵ月って若いわけだから、ほかの大きいクマの一五、六歳のやつには何しにきたって言われるわけだから。ちょっと不利だった。そういった意味では、この南側の地区がＯＳＯ18にとっては、安住の地だったんじゃないかなと思う」

ＯＳＯ18が射殺されたことを知った日、藤本は釧路市内の病院の一室で、窓の外を眺めていたという。偶然にも、病室の窓はオタクパウシのほうを向いていた。生死にかかわる病を患っていた藤本は、遠くを見つめながらＯＳＯ18の最期を思った。

ＯＳＯ18は、傷を負い、牛を襲えず、空腹に陥り、肉が豊富にある安全な場所を目指して、歩き続けていたのではないか。

その道の行き着く果てこそ、どこまでも遠く広がる太平洋に面した、断崖絶壁の鳥獣保護区だったのだ。

ジビエレストラン

東京都日本橋人形町でジビエレストランを営む林育夫は、二〇二三年八月上旬、解体業者の松野から四六kg分のクマ肉を購入していた。七月三〇日に捕れたという野生のヒグマのモモ肉と肩肉だった。

モモ肉はステーキとして、肩肉は熊鍋として調理し、提供を始めた。

それがOSO18だとわかったのは、提供を始めてから二週間経った後だった。

SNSにその事実を投稿すると、五万件を超える「いいね」が集まった。席の予約はあっという間に埋まった。

予約をして訪れたある客がOSO18の熊鍋を頬張り、笑みを浮かべながら言った。

「あんまり味に特別感がないところも含めて、ちょっとあっけない最期だなっていう感じはしますね」

またある客は言った。

「一番ジビエに求めているものがもしかしたらこの、ＯＳＯ18にあるのかもしれない。ジビエを食べる欲みたいなものを凝縮しているのがＯＳＯ18かもしれないないなみたいな、ちょっとありますね」

牛を食らい続けたＯＳＯ18は、この店で、二五〇人の人間に食された。誰しも食欲を満たそうとここに来たのではない。その好奇心をこそ、満たそうとして来たのだ。

「超巨大」「忍者」「猟奇的」「快楽犯」「最凶」「怪物」……。都市部でヒグマの脅威とはほとんど無縁に過ごすマスメディアはさまざまな言葉を用いて、人々の好奇心を掻き立ててきた。その中に、私たちもいたのだ。

人間はいまもなお、おびただしい数の駆除と捕食を繰り広げて止まない。ＯＳＯ18は生涯で六六頭の牛を襲い、その半数近くを捕食したが、我々人間は、毎年およそ一〇〇〇頭のヒグマを殺し、年間一〇〇万頭を超える牛を食らっている。それは日本に限った数であり、人類全体に広げれば、その実数はもはや計り知れない。

この取材を始めたとき、提案にこう記していた。

――見えない怪物に、人間は何を見るのか。

約二年間に及んだ取材を終えて、その問いにあえて答えるならば、私たちは「人間自身」を見たのではないかと思った。闇夜にしか現れないヒグマに光を当てようともがいたが、その本当の姿は永遠の闇に閉ざされたまま、鏡となって我々に強烈な光を照り返している。「怪物」とは、果たしてどちらであったか。

ＯＳＯ18について明確に言えることには限りがある。それでもなお、人間に名前を与えられた一頭のヒグマの、哀しみに満ちた一生を想像せずにはいられなかった。

九年六ヵ月前、森で一頭のオスのヒグマが生まれた。そのとき、名前はまだなかった。

豊かな森でドングリやフキを食べ、悠々と暮らす運命があったのかもしれない。だが、母親と離れて独り立ちした頃、森の中で数を増やしたエゾシカの肉を見つけた。肉の味を覚え、次第に執着を断ち切れなくなり、本来の草食のあり方を忘れ去っていく。

やがて人間が森を切り開いてできた牧場で、牛を襲うことも覚えた。まだ若く、身体が大きくなかったために、襲いきれない牛がいた。なんとしても肉にありつこうと、次々と牛を襲った。すると、人間に「襲うことを楽しんでいる」と喧伝され、「ＯＳＯ18」と名付けられ、「怪物」と恐れられるようになった。

偏った食性は大きな代償をもたらした。身体は徐々に弱り、野生を生き抜く力を失い、オスグマたちとの争いに敗れ、数多《あまた》のハンターから命を狙われ、最後は保護区を目指してさまよった。

鳥獣保護区の入り口まで、あと三kmのところまで辿りついた。
力も尽き果て、牧草地で寝そべっていると、そこにひとりの人間が通りかかった。
一度もヒグマを撃った経験のないハンターだった。

目が合うと、ハンターはゆっくりと近づいてきた。
もう逃げる力は残っていなかった。

二〇二三年七月三〇日、一頭のヒグマが死んだ。

終章　人間たち［山森］

番組の放送が終わったあと、最初に入手した一枚の写真について、有元がこう言ってきた。

道総研にいた近藤麻実が推察したように、二〇一九年八月、高橋雄大の牧場に設置した罠をあやうく逃れたのが確かなら、そのときＯＳＯ18は、傷を負うという痛切な体験を通して、罠を学んだことになる。ヒグマは、その傷と引き換えに、真の意味で「ＯＳＯ18」となったのではないか。

それは、そうかもしれない。すると、あの写真は、「ＯＳＯ18」なる存在が誕生したばかりの一枚ということになる。それを出発点に取材を始めたことは、まったくの見当違いでもなかったのかもしれない。だが私は、それよりも、番組の放送が終わったあとも有元がＯＳＯ18にとらわれ続けていることに、思わず笑ってしまった。

長い取材では、土砂降りの沢でずぶ濡れになったことも、森を泥だらけになって走ったこともあった。うまくいかない状況を嘆き合ったこともあった。番組にならないと思ったことも、一度や二度ではない。だが、有元はしぶとく現場に通い続けた。私がいなくても番組はできただろうが、彼がいなければ、間違いなく完成していない。

いまとなれば、黒澤明や橋本忍が『七人の侍』や『生きる』で実践した「共同脚本方式」にならい、編集室で交互にコメントを書き合った時間が、懐かしい（NHKでは、伝統的に、ナレーションのことをコメントと呼ぶ）。番組の放送が終わった二〇二三年の秋の夜、渋谷でひらいたささやかな打ち上げの席で有元が言った、「これほど面白い取材はいままでなかった」という言葉は、忘れ難いものだ。

結局、主役であるOSO18が生きる姿を私たちのカメラが捉えることは一度もできず、不在の中心の周囲をひたすら記録することになった。予期し得ない特別な瞬間に立ち会い、撮ることがいつも望みだが、今回は然るべき場所にカメラを据えることができない時期が長かった。何もかもを撮ろうとすることは不可能だとしても、撮り逃すこと自体を楽しめる余裕はなく、後悔が続いた。

ただ、「見えないもの」が深い森のなかに潜んでいるという予感が、「何かが起きるかもしれない」不安や恐怖を掻き立ててくれて、映像に力を与えてくれたのは問違いない。見えるものがすべてではないことを、取材のあいだ、痛いほど身をもって学ばせてもらったことも、いまではよかったと思う。付け加えていえば、仮にトレイルカメラが普及する前だったとしたら、生きたOSO18の映像や写真は、最後までなかったことになる。徹底して見えないにもかかわらず、とりかえしのつかない悪を次々となす存在。そうした存在が現れたときに、人間には畏怖のような感情がうまれるのかもしれない。何もかもが見えるのではない時代に生きていたら、と想像せずにはいられない。

一頭の異形のヒグマをうみだしたのは、人間だった。肉の味を覚え、肉に依存するようになったそのヒグマは次第に野性を奪われ、身体は弱っていった。すでにエゾシカは大発生水準にあるが、栄養価の高い牧草がさらに広がり、温暖化が進めば、数はさらに増える。その肉を食べることによってOSO18がOSO18になっていったのだとすれば、今後、同じような個体がさらに出現する可能性はきわめて高い。事実、牛がヒグマに襲われる事件はその後も起きている。広がり続けるデントコーン畑は、またヒグマを牧場へとおびきよせるだろう。そこにいる穏やかな牛たちを獲物として認識したとして、なんの不思議もない。個としての人間がヒグマに出会うと、即座に襲われ、高い確率で殺されるのだろうが、集団としての人間の強すぎる力は、ヒグマという種自体を変えていくのかもしれない。

もっとも、適切に対処をすれば、過剰に恐れる必要はないことは明記しておきたい。最初の罠が成功していれば、被害は一頭で終わっていたかもしれない。酪農家たちは、夜通しで音を出すラジオや、光を放つライトを牧場や牧野に設置したが、二〇二一年以降、そうした場所では被害がなく、一定の効果があったと考えられる。ＯＳＯ18ほど用心深いヒグマなら、同様の対応で防げる可能性はあるし、積極的に人間の前に現れるヒグマなら、赤石のようなハンターならきっと仕留められるだろう。ただ、赤石のように、個としてヒグマと対峙できるような人間が、いま、どれだけいるだろうか。守られ、安全に馴れ、リスクを減らすことに長ける人間こそが、自然から遠ざかり、生物として最も変わっているのかもしれない。

これでＯＳＯ18をめぐる記録は終わった。だが、いや、そうなのか、という気持ちが頭をもたげてくる。私は、ＯＳＯ18という個体がわかったと言えるのだろうか。たとえば、牛を襲った動機は「食べるため」だけだったと、本当に言えるだろうか。

ＯＳＯ18による被害を、もう一度、見てみる。気付くことがある。

二〇一九年八月五日：死亡四頭／負傷二頭／行方不明二頭
二〇一九年八月六日：死亡三頭／負傷一頭
二〇二一年七月一六日：死亡三頭
二〇二一年八月一二日：死亡二頭／負傷二頭
二〇二二年七月一日：死亡二頭／負傷一頭

五度にわたって、複数の牛を殺している。このうち、二〇一九年八月五日は、被害の発見までに時間を要していたが、ほかの四つの現場では、一晩のうちに複数の牛を殺しているのだ。藤本が本格的に参戦するまで、牛は無防備で、食べる必要があれば、次の機会に襲えば、いくらでも新鮮な肉は手に入れられたはずだった。なのに、なぜ、複数頭の牛を殺さなければならなかったのか。

最初の被害をのぞいて、肉への執着を見せず「土まんじゅう」をつくっていなかったことも不可解だ。北海道の夏、夜は短いが、それでも八時間以上は暗闇だ。殺したら夜のうちに森へ牛を運んで埋めればよさそうなものだ。二〇二一年七月一日には、一晩で六頭の牛を襲って、いずれも仕留めきれなかった。ＯＳＯ18は超大型個体ではないが、爪や牙は鋭く、賢い。六頭もターゲットを変えるよりは、少ない頭数に絞るほうが合理的にも思える。本当に仕留めて、食べるだけだったのだろうか。

被害記録をひとつひとつ見直すと、こう思えてくる。ＯＳＯ18には、やはり、襲うこと自体を楽しむ側面があったのではないか。人間が探し求めてしまう因果では捉えきれないものがヒグマには、あるのではないか。

不可知論に立ちたいわけではない。しかし、放送した番組も、この書籍も、暫定的な仮の結論に至るまでの記録でしかない。

見えない怪物に、人間は何を見るのか。
自分たちで、存在するはずのない「怪物」と書いてしまっているこの問いが本当に意味しているることは、ありのままの現実を見ることの難しさだったのだと思う。超巨大だと思い込んでいたために、目の前を通る普通のサイズのヒグマを見逃すように、私自身もOSO18を追いながら、一頭のヒグマをただそのまま見ることができなかった。

いや、それともこう言うべきなのかもしれない。勇気を必要とする戦士たちが、人間社会の外にいるヒグマに自らをなぞらえたように、人間は手に負えない恐怖をどこかで必要としているのではないかと。何者にもとらわれないヒグマが体現しているかに見えた強烈な自由を、法や倫理に守られた人間は、どこかで希求し、だからその肉を身体のなかに取り込んだのではないかと。人間は現実に対峙しきれず、人間を超える存在に支配されることを欲してしまう動物ではないかと。

最後に、すべての取材先の方々に感謝したい。トレイルカメラが森のヒグマを捉え、最後の最後で骨が見つかり、OSO18について、一定の確度をもって、実像やうまれた背景、死に至るまでがわかったのは、藤本や赤石たち、ハンター、研究者、酪農家、役場や道庁の職員ら、何から何まで取材先の力によるものだ。
心から、ありがとうございました。

画像（写真）提供

・P12－13　闇夜のOSO18／標茶町役場
・P19　最初の被害牛／標茶町役場
・P136－137　牛を食べるOSO18／標茶町役場
・P145　背こすりをするOSO18／標茶町役場
・P153　三枚のOSO18／標茶町役場、NPO法人南知床・ヒグマ情報センター
・P159　食い荒らされたエゾシカの死体／NPO法人南知床・ヒグマ情報センター
・P175　OSO18の死体／北海道釧路総合振興局
・P225　OSO18の食性データ／福井県立大学 松林順
・P230－231　全7枚のヒグマ／標茶町役場

参考文献

・『令和5年度第3回北海道ヒグマ保護管理検討会
資料②「令和4（2022）年末におけるヒグマ個体数推定結果について」』／北海道庁
・『北海道ヒグマ管理計画（第二期）』／北海道庁
・『ヒグマ学への招待 自然と文化で考える』増田隆一＝編著／北海道大学出版会
・『エゾシカの保全と管理』梶光一・宮木雅美・宇野裕之＝編著／北海道大学出版会
・『日本のクマ ヒグマとツキノワグマの生物学』坪田敏男・山﨑晃司＝編／東京大学出版会
・『北海道の自然保護 その歴史と思想』俵浩三＝著／北海道大学図書刊行会
・『北海随筆』坂倉源次郎＝著
・『東遊雑記』古川古松軒＝著
・『ひぐま その生態と事件』斎藤禎男＝著／北苑社

・『エゾヒグマ百科 被害・予防・生態・故事』木村盛武＝著／共同文化社
・『羆嵐』吉村昭＝著／新潮社
・『熊 人類との「共存」の歴史』ベルント・ブルンナー＝著／伊達淳＝訳／白水社
・『熊の歴史〈百獣の王〉にみる西洋精神史』ミシェル・パストゥロー＝著／平野隆文＝訳／筑摩書房
・『踊る熊たち 冷戦後の体制転換にもがく人々』ヴィトルト・シャブウォフスキ＝著／芝田文乃＝訳／白水社
・『熊百訓』阿部泰三＝編／さんおん文学会
・『標茶町史』標茶町史編さん委員会＝編
・『しべちゃの歴史を歩く』橋本勲＝著／藤田印刷エクセレントブックス
・『令和5年度エゾシカ捕獲数（確定値）』北海道庁
・『野生鳥獣による農林水産業被害調査結果（令和4年度）』北海道庁
・『エゾシカが関係する交通事故の発生状況（令和5年中）』北海道警察本部

山森英輔 やまもり・えいすけ

NHKプロジェクトセンター・ディレクター。一九八二年生まれ。京都府出身。京都大学卒業後、二〇〇五年NHK入局。新潟放送局、制作局、大型企画開発センター、札幌放送局を経て現所属。主な担当番組に、NHKスペシャル「民族共存へのキックオフ〜〝オシムの国〟のW杯〜」「人類誕生」「忘れられた戦後補償」、北海道道「没後15年 氷室冴子をリレーする」、北海道スペシャル「煙の街にロックが流れる」などがある。

有元優喜 ありもと・ゆうき

NHK札幌放送局・ディレクター。一九九六年生まれ。京都府出身。慶應義塾大学卒業後、二〇一九年NHK入局。報道局政経・国際番組部を経て、現所属。主な担当番組に、BS1スペシャル「ファベーラ 見棄てられた街で」、クローズアップ現代「史上最多ヒグマ被害〝都市出没〟の謎を追う」、ETV特集「1000番地 土地と人間に関するリポート」などがある。

異形《いぎょう》のヒグマ　OSO18《オソ・ジュウハチ》を創《つく》り出《だ》したもの

二〇二五年二月二五日　第一刷発行

著者　山森英輔《やまもりえいすけ》
　　　有元優喜《ありもとゆうき》

発行者　篠木和久

発行所　株式会社 講談社
郵便番号一一二-八〇〇一
東京都文京区音羽二-一二-二一
電話　編集　〇三-五三九五-三五二二
　　　販売　〇三-五三九五-五八一七
　　　業務　〇三-五三九五-三六一五

ブックデザイン　鈴木成一デザイン室

印刷所　株式会社新藤慶昌堂

製本所　大口製本印刷株式会社

256p 19cm ISBN978-4-06-538524-1